FORSCHUNGSBERICHTE DES LANDES NORDRHEIN-WESTFALEN

Nr. 1871

Herausgegeben im Auftrage des Ministerpräsidenten Heinz Kühn
von Staatssekretär Professor Dr. h. c. Dr. E. h. Leo Brandt

DK 666.3.022.8

Prof. Dr.-Ing. Kamillo Konopicky

Dr.-Ing. Ortwin Grewen

Dipl.-Phys. Karl Wohlleben

Forschungsinstitut der Feuerfest-Industrie, Bonn

Studien zum Preßvorgang bei feuerfesten Massen

WESTDEUTSCHER VERLAG · KÖLN UND OPLADEN 1967

ISBN 978-3-663-03919-8   ISBN 978-3-663-05108-4 (eBook)
DOI 10.1007/978-3-663-05108-4

Verlags-Nr. 011871

Gesamtherstellung: Westdeutscher Verlag

Inhalt

1. Allgemeines 5
   1.1   Kurzübersicht über die gebräuchlichen Formgebungsverfahren 5
   1.2   Plastische Formgebung 5
   1.2.1 Handformung 5
   1.2.2 Maschinelle Formgebung 5
   1.3   Formgebung von halbtrockenen und trockenen Massen 6
   1.4   Der Einfluß der Höhe des Preßdrucks auf die Eigenschaften der Erzeugnisse 7
   1.5   Probleme bei hohen Preßdrücken 7
   1.6   Die verschiedenen Pressensysteme 7
   1.6.1 Druckbegrenzte Pressen 7
   1.6.2 Hubbegrenzte Pressen 8
   1.6.3 Pressen ohne Hub- und Druckbegrenzung 8
   1.7   Probleme bei hohen Preßdrücken 8
   1.7.1 Unklarheit über die tatsächliche Höhe des Preßdrucks bei hubbegrenzten
       und Friktions-Spindelpressen 8
   1.7.2 Maschinenschäden als Folge ungleichmäßiger Belastung 9
   1.7.3 Atmen der Preßform 9

2. Grundlagen der Arbeit 10
   2.1   Anlaß und Aufgabenstellung 10
   2.2   Verfahren zur Messung des Preßdrucks 10
   2.3   Die theoretischen Grundlagen des Messens mit DMS 11
   2.4   Beschreibung der verwendeten Meßgeräte 13
   2.5   Beschreibung der Meßobjekte 14
   2.5.1 Laborpresse 14
   2.5.2 Friktions-Spindelpresse 14
   2.5.3 Hydraulische Pressen 15
   2.5.4 Kniehebelpressen 15
   2.5.5 Formkästen 16

3. Versuchsanordnung und Durchführung der Versuche 16
   3.1   Druckmessungen an hydraulischen Pressen zur Bestimmung des E-Moduls
       der Säulenwerkstoffe 16
   3.2   Druckmessungen an Friktions-Spindelpressen 18
   3.3   Druckmessungen an Kniehebelpressen 19
   3.4   Untersuchungen zum Atmen der Preßform 20

4. Ergebnisse 20
   4.1   Friktions-Spindelpressen 20
   4.2   Einfluß der Formfüllung auf die Höhe des Preßdrucks bei Kniehebelpressen 23
   4.3   Einfluß des Steinformates auf die Belastung der Säulen 29
   4.4   Das Atmen der Form 32

5. Zusammenfassung der Versuchsergebnisse und Folgerungen für die Praxis ... 37

6. Literaturverzeichnis 39

1. Allgemeines

Der Begriff »feuerfeste Baustoffe« umfaßt nach DIN 1061 alle künstlich hergestellten und natürlichen Baustoffe, deren Kegelschmelzpunkt gemäß DIN 1063 nicht unter Segerkegel 26, entsprechend einem Schmelzpunkt von 1580°C liegt.

Je nach Verwendungszweck ist die chemisch-mineralogische Zusammensetzung der Feuerfestbaustoffe verschieden. Derzeitig beträgt der Anteil an Schamotte-Erzeugnissen 72%, an Silika-Erzeugnissen 6%, an Magnesit- und Chrommagnesit-Erzeugnissen 10% und an hochtonerdehaltigen Erzeugnissen (Bauxit, Diaspor, Sillimanit, Korund) sowie an Sondererzeugnissen (Dolomit, Kohlenstoff, Siliziumkarbid, Zirkon) 12% an der Gesamterzeugung.

Insgesamt werden in Deutschland jährlich etwa 2,2 Millionen t feuerfeste Erzeugnisse hergestellt, die zu 70% aus Formsteinen mit oft komplizierten geometrischen Abmessungen bestehen.

1.1 Kurzübersicht über die gebräuchlichen Formgebungsverfahren

Die Formgebung zuvor aufbereiteter feuerfester keramischer Massen bezweckt die Herstellung von Formlingen, die dem späteren Verwendungszweck des Fertigerzeugnisses in Abmessung und Größe entsprechen. Wegen der Schwindung, der die Formlinge während des Trocknens und Brennens unterliegen, müssen die Abmessungen der Formen ein entsprechendes Übermaß aufweisen, dessen Betrag vorwiegend vom Feuchtigkeitsgehalt der Masse abhängt.

Die geforderten Eigenschaften des Erzeugnisses, technologische und wirtschaftliche Gesichtspunkte bestimmen den Feuchtigkeitsgehalt der Masse und damit auch deren Plastizität, da diese außer von den Stoffeigenschaften, vom Kornaufbau und etwaigen thixotropen Eigenschaften in erster Linie vom Feuchtigkeitsgehalt beeinflußt wird. Von der Plastizität aber hängt das zu verwendende Formgebungsverfahren ab.

1.2 Plastische Formgebung

1.2.1 Handformung

Ursprünglich erfolgte die Formung plastischer Massen durchweg in auseinandernehmbaren Holzformen durch Schlagen von Hand. Aus technischen, ökonomischen und sozialen Gründen ist aber heute diese Art der Formgebung insbesondere für Massenartikel undiskutabel und durch die maschinelle Formgebung verdrängt worden.

1.2.2 Maschinelle Formgebung

Heute wird zur plastischen Formgebung vorwiegend die Strangpresse verwendet. Diese, in der Mitte des vorigen Jahrhunderts von SCHLICKEYSEN erfundene Maschine hat sich in ihrem prinzipiellen Aufbau bis heute kaum geändert, wenn auch die ursprünglichen einfachen Konstruktionen immer mehr verbessert und vervollkommnet wurden. So wurde durch die Kombination der Strangpresse mit einem Vakuumaggregat zur Entlüftung der Masse ein bedeutender Fortschritt erzielt.

Trotz vieler Vorteile, wie hohe Leistungsfähigkeit, geringe Reparaturanfälligkeit, geringer Bedarf an Verformungsenergie, unproblematisches Verhalten gegenüber verschiedenen Masseversätzen, einfacher Bedienung usw., haftet der Strangpresse jedoch der Nachteil der Neigung zur Bildung von Texturen an.

Über die Ursachen der Texturbildung infolge unterschiedlichem Vortriebs der Masse in der Presse, Überlagerung gradliniger und allseitiger Druckfortpflanzung in der Masse, »Verdrehung« durch Rotation der Schnecke und durch Dilatanz hervorgerufene unterschiedliche Packungsdichte der Masse haben andere Autoren ausführlich berichtet, so daß es sich erübrigt, im Rahmen dieser Arbeit hierauf näher einzugehen.

In vielen Fällen werden die Formlinge durch Zerschneiden des Strangs mit Hilfe eines mechanischen Abschneiders direkt zu Formsteinen gewünschter Länge gefertigt; häufig ist jedoch ein Nachpressen der vorgezogenen Formbatzen auf sogenannten Nachformpressen erforderlich. Hierbei tritt keine weitere Verdichtung der Masse ein, sondern nur ein »Kalibrieren«.

Nachteilig ist bei plastisch verformten Formlingen, daß sie vor dem Trocknen sehr leicht deformiert werden können, wodurch Qualitätsminderungen entstehen können.

1.3 Formgebung von halbtrockenen und trockenen Massen

Bei der Formgebung von halbtrockenen und trockenen Massen werden vorzugsweise Stempelpressen verwendet. Vereinzelt benutzt man vornehmlich bei kleinen Serien komplizierter Formate, die die Anfertigung spezieller Formen und den Umbau der Pressen auf diese Formen aus wirtschaftlichen Gründen nicht gerechtfertigt erscheinen lassen, noch die Handformung mit Preßluft-Stampfwerkzeugen in zerlegbaren, blechverkleideten Holzformen; Großserien werden heute jedoch ausschließlich mit Stempelpressen hergestellt, deren typische Vertreter die Friktions-Spindelpresse, die hydraulische Presse und die mechanische oder hydraulische Kniehebelpresse sind.

Allen Pressen ist gemeinsam, daß sie nicht wie die Strangpressen einen endlosen Strang kontinuierlich ausformen, sondern daß der Formvorgang periodisch erfolgt, und zwar dadurch, daß eine bestimmte Menge der Arbeitsmasse zwischen Ober- und Unterstempel in die Form gebracht, hierin verdichtet und nach dem Preßvorgang wieder ausgestoßen wird.

Im Gegensatz zur Formgebung plastischer Massen kann man bei halbtrockenen (krümeligen bzw. erdfeuchten) und trockenen Massen im allgemeinen nur einfache, plattige, nicht zu dicke Formlinge auspressen. Masseteilchen, die am Rand der Preßform liegen, können beim Preßvorgang nicht mehr ausweichen, wodurch sich ein Stau bildet, demzufolge die mittlere Zone des Preßlings, besonders an der Unterseite einen zu geringen Preßdruck erhält. Durch einen zweckmäßigen Körnungsaufbau muß bei halbtrockenen und trockenen Preßmassen dafür Sorge getragen werden, daß keine Texturen entstehen können. Um dieses zu erreichen, baut man magere Massen zweckmäßig nach der Litzowkurve auf.

Beim Preßvorgang muß die Möglichkeit des Entlüftens gegeben sein, da sonst unweigerlich Texturen die Folge sind. Hierzu wird zunächst mit dem sogenannten »Entlüftungsvordruck« gefahren (ca. $\frac{1}{3}$ des Gesamtdrucks), dem der eigentliche Hauptdruck nachfolgt.

Halbtrocken und trocken gepreßte Formlinge weisen nicht nur eine geringere Schwindung beim Trocknen und Brennen auf, sondern durch sie wird eigentlich erst ein rationeller Brennbetrieb ermöglicht, da man sie direkt auf Tunnelofenwagen setzen kann, zumal sie nicht wie plastisch geformte Formlinge empfindlich gegen äußere Beeinflussungen sind. Außerdem lassen sie sich zeitsparend in Tunneltrocknern, die nach dem Durchlaufprinzip arbeiten, trocknen.

6

1.4 Der Einfluß der Höhe des Preßdrucks auf die Eigenschaften der Erzeugnisse

Durch die Bindefähigkeit des Tons benötigt man bei der plastischen Formgebung nur so hohe Preßdrücke, die ausreichen, um die Masse auszuformen, also gleichmäßig in der Form zu verteilen.

Bei halbtrockenen Massen mit ca. 6–9% Feuchtigkeit und besonders bei trockenen Massen mit ca. 2–4% Feuchtigkeit werden diese Bindekräfte durch den wesentlich höheren Anteil an Magerungsstoffen auf Kosten des Bindetonanteils klein bzw. sind bei völlig unplastischem Material nicht mehr vorhanden. Um ein Auseinanderfallen der Formlinge nach dem Pressen zu vermeiden, ist daher oft ein Zusatz eines organischen Bindemittels (Dextrin, Sulfitablauge o. ä.) erforderlich, das die Formbarkeit ermöglicht und beim Brand wieder ausbrennt; von besonderer Bedeutung ist aber neben einem zweckmäßigen, eine dichteste Packung ermöglichenden, Kornaufbau die Höhe des Preßdrucks. So sind außer seinem Einfluß auf eine gute Verzahnung der unterschiedlich großen Massekörner – und damit auf die Grünfestigkeit – auch bemerkenswerte Auswirkungen auf viele Eigenschaften des gebrannten Erzeugnisses festzustellen. Mit zunehmendem Preßdruck steigt z. B. die Kaltdruckfestigkeit, wogegen die Porosität und insbesondere die Permeabilität abnimmt. Durch den Rückgang der Permeabilität ergibt sich wiederum eine Erhöhung des Verschlackungswiderstandes. Auch die Warmfestigkeit und die Abriebfestigkeit nehmen bei steigendem Preßdruck zu.

1.5 Probleme bei hohen Preßdrücken

In der Praxis wendet man bei der Formgebung halbtrockener und trockener Massen Preßdrücke an, die für Schamottesteine 100–500 kp/cm² und für basische Steine oft über 1000 kp/cm² betragen. Der durch den Stempel der Presse übertragene Druck breitet sich in dem körnigen Massegemisch nicht nach hydrostatischen Gesetzmäßigkeiten aus, sondern es treten, hervorgerufen durch Reibung der Masseteilchen untereinander und an den Wänden der Form, durch plastische und elastische Verformung (eingeschlossene Luft) sowie durch Zerkleinerung von Masseteilchen und elastische Verformung der Preßform Druckverluste auf, die eine ungleichmäßige Verdichtung des Preßlings bewirken.

Als Folge der ungleichmäßigen Druckfortpflanzung in trockenen Massen erhält man Steine mit ungleichmäßiger Porosität und unterschiedlichem Körnungsaufbau, wodurch Lagenbildung und Texturen entstehen.

In der Praxis begegnet man den erwähnten Nachteilen des einseitigen Pressens – die bei dicken Formlingen natürlich viel stärker ausgeprägt sind als bei dünnen, plattigen Formaten – mit Erfolg dadurch, daß man doppelseitig preßt. Dieses läßt sich ohne großen maschinellen Aufwand mit einem schwebenden Formtisch erreichen. Beim Preßvorgang nimmt der Oberstempel durch Wandreibung den auf dem abgefederten Formtisch befindlichen Preßkasten mit und bewegt ihn gegen den feststehenden Unterstempel, wobei derselbe Effekt erreicht wird, als ob bei feststehender Preßform Ober- und Unterstempel gegen die Masse gepreßt werden.

1.6 Die verschiedenen Pressensysteme

Zur Formgebung halbtrockener und trockener feuerfester Massen werden vorwiegend Pressen verwendet, die sich in die folgenden drei Gruppen einteilen lassen:

1.6.1 Druckbegrenzte Pressen

Hierzu zählen alle hydraulischen Pressen, bei denen der den Druck auf die Masse übertragende Stempel direkt mit dem hydraulischen Arbeitszylinder gekoppelt ist. Ein

Druckbegrenzungsventil im Hydraulikkreislauf sorgt für einen stets gleichhohen Preßdruck. Derartige Pressen, die sowohl als Einzelpressen wie auch als Drehtisch- oder als
Schiebetischpressen gebaut werden, eignen sich besonders zum Arbeiten mit hohen und
höchsten Drücken (bis über 2000 Mp) und zeichnen sich durch sehr gleichmäßig durch-
gepreßte Formlinge aus, die allerdings einer sehr genauen Einwaage bedürfen, um
hinsichtlich der Maßhaltigkeit allen Anforderungen zu genügen. Die konstruktiv einfach
gebauten, robusten und wenig reparaturanfälligen Pressen erlauben jedoch kein allzu-
hohes Arbeitstempo, da das direkt wirkende Hydrauliksystem eine gewisse Trägheit
besitzt.

1.6.2 Hubbegrenzte Pressen

Zu den hubbegrenzten Pressen zählen Kurbelpressen und Pressen, die nach dem Knie-
hebelprinzip arbeiten.
Bei Kurbelpressen, die zum Verpressen halbtrockener und trockener feuerfest-Massen
allerdings eine untergeordnete Rolle spielen, wird der Preßdruck stets mechanisch, bei
Kniehebelpressen entweder mechanisch (z. B. bei den Boyd-Pressen) oder hydraulisch
(z. B. bei den Horn-Pressen) erzeugt. Die Druckübertragung auf den Preßstempel über
einen Kurbeltrieb oder einen Kniehebel hat nicht nur einen stets gleichbleibenden Hub
zur Folge, sondern auch ein verhältnismäßig schnelles Vor- und Zurückbewegen des
Preßstempels. Nur im eigentlichen Arbeitsbereich verlangsamt sich die Geschwindigkeit
des Stempels ziemlich schnell, um im Totpunkt des Kurbeltriebes bzw. bei Gradestellung des Kniehebels gegen Null zu gehen. Durch diese Eigenart erlauben die hubbegrenzten Pressen die Herstellung absolut maßhaltiger Preßlinge bei hohem Arbeitstempo. Sie zählen zu den leistungsfähigsten Pressen und sind in fast allen Werken der
Feuerfest-Industrie anzutreffen.

1.6.3 Pressen ohne Hub- und Druckbegrenzung

Zu ihnen gehören die Friktions-Spindelpressen, die ebenfalls häufig bei der Herstellung
feuerfester Steine verwendet werden. Die Bewegung des an einer beweglichen Traverse
angebrachten Oberstempels erfolgt bei diesem Pressentyp durch ein System von Reib-
rädern. Ein über die Preßspindel auf die Mitteltraverse wirkendes, horizontal liegendes
Friktionsrad erhält von zwei senkrechten Friktionsscheiben dadurch Bewegungs-
impulse, daß entweder die rechte oder die linke Friktionsscheibe an das Friktionsrad
angedrückt wird und durch Reibung ihren Drehsinn auf das Friktionsrad überträgt.
Die Spindel (mit Traverse und Oberstempel) wird auf diese Weise entweder gesenkt
oder gehoben.
Bei Friktions-Spindelpressen ist die Druckübertragung durch den Oberstempel auf die
Masse in der Form sehr kurz, fast schlagartig. Es muß daher mit mehreren »Schlägen«
gearbeitet werden, um die notwendige Verdichtung zu erreichen.

1.7 Probleme bei hohen Preßdrücken

1.7.1 Unklarheit über die tatsächliche Höhe des Preßdrucks
bei hubbegrenzten und Friktions-Spindelpressen

Die hohen Anforderungen, die heute an die Qualität der trockengepreßten feuerfesten
Produkte gestellt werden, erfordern nicht nur stets gleichbleibende Versätze mit gleichem
Kornaufbau und Feuchtigkeitsgehalt, sondern auch einen Formgebungsprozeß unter
stets gleichbleibenden Bedingungen.

Während bei druckbegrenzten Pressen die Gewähr für eine immer gleiche Verdichtung der Formlinge gegeben ist, hängt ihre Maßhaltigkeit von der eingefüllten Massemenge ab. Die Preßlinge müssen also nach dem Formgebungsprozeß mit einer Lehre nachgemessen werden.

Genau umgekehrt liegen die Verhältnisse bei den hubbegrenzten Pressen. Hier erhält man stets maßhaltige Produkte (es sei denn, der Kniehebel kann infolge Überfüllung der Form nicht mehr in Gradestellung gebracht werden), deren Dichte und Porosität jedoch je nach Menge der in die Form eingefüllten Masse in weiten Grenzen schwanken können.

Der Grund hierfür ist die Abhängigkeit des sich beim Pressen aufbauenden Drucks von der Menge der in die Preßform eingefüllten Masse.

Aber nicht nur bei hubbegrenzten Pressen herrscht Unklarheit über die tatsächliche Höhe des Preßdrucks, sondern – und zwar ganz besonders – auch bei Friktions-Spindelpressen. Bei diesen sind die Einflußgrößen, deren Zusammenspiel letztlich die Höhe des sich aufbauenden Drucks bestimmt, mathematisch nicht zu erfassen, da sich z. B. der Verdichtungsgrad der Masse nach jedem Schlag ändert und die Fallenergie des Preßstempels je nach Fallhöhe, Drehzahl der umlaufenden Maschinenteile und Reibungsverhältnissen im Friktionsantrieb unterschiedlich ist.

1.7.2 Maschinenschäden als Folge ungleichmäßiger Belastung

Gelegentlich treten bei Pressen, insbesondere bei Kniehebel- und Friktions-Spindelpressen – also bei Pressen mit unklaren Druckverhältnissen – Brüche an den Säulen oder an der Traverse auf, die auf eine ungleichmäßige Belastung der Maschine oder auf überhöhte Materialbeanspruchung infolge Überschreitung des zulässigen Höchstpreßdrucks hindeuten.

Es ist anzunehmen, daß beim Pressen eines wegen des besseren Druckdurchgangs horizontal liegenden keilförmigen Formates die Säulen einer Presse ungleich auf Zug beansprucht werden. Es hat weiterhin den Anschein, daß – besonders bei keilförmigen Formaten, aber auch bei Formaten mit parallelen Begrenzungsflächen – eine Überfüllung der Form mit Preßmasse bei hubbegrenzten Pressen zum Aufbau von solchen Kräften führt, denen das Material der Säulen oder Traversen nicht mehr gewachsen ist.

1.7.3 Atmen der Preßform

Beim Pressen halbtrockener und trockener feuerfester Massen mit hohen spezifischen Drücken beobachtet man häufig, daß die gepreßten Formlinge z. T. schon am grünen Stein, z. T. auch erst nach dem Brennen Risse zeigen, deren Ebene senkrecht zur Richtung des Preßdrucks liegt und die vornehmlich an den Längsseiten des Preßlings auftreten.

Da vor dem Einwirken des Preßdrucks durch schonenden Vordruck und nachfolgender Entlastung stets für eine gute Entlüftung der Masse gesorgt wird, scheidet eingeschlossene Luft, die beim Pressen komprimiert werden und nach dem Preßvorgang expandieren könnte, mit Sicherheit als Ursache für die Rissebildung aus. In vielen Fällen sind bei Preßformen, die aus Gründen des Verschleißes mit Hartmetallplatten ausgekleidet sind, beim Pressen mit hohen Drücken Brüche der Platten zu beobachten, obwohl sie überall satt in der Form anliegen. Rissebildung und Bruch der Platten deuten darauf hin, daß die Preßform eine elastische Verformung erfährt.

Es ist anzunehmen, daß unter der Einwirkung des Drucks, den beim Pressen die Masse auf die Formwände ausübt, sich vornehmlich die langen Seitenwände der Form ein wenig nach außen wölben. Es entsteht also vermutlich bei einem rechteckigen Querschnitt eine tonnenförmige Verzerrung, die beim Nachlassen des Drucks wieder verschwindet. Hartmetallplatten, die keinen Biegebeanspruchungen gewachsen sind, müssen hierbei brechen und Formlinge, die gerade im Augenblick der größten tonnenförmigen Verzerrung der Form ihre höchste Verdichtung erfahren haben, werden beim Aufhören des Drucks durch die in die Ursprungslage zurückkehrenden Formwände seitlich gestaucht, was die beobachtete Rissebildung zur Folge hat.

2. Grundlagen der Arbeit

2.1 Anlaß und Aufgabenstellung

Die dieser Arbeit zugrunde liegenden Untersuchungen wurden durchgeführt, um die unter 1.7.1 bis 1.7.3 angeführten Unklarheiten und Annahmen aufzukären bzw. zu bestätigen.

Darüber hinaus soll versucht werden, Wege und Maßnahmen zu finden, die es ermöglichen, schädliche Auswirkungen der oben erwähnten Eigenarten auf die Maschinen, mit denen die Formgebung erfolgt und auf die Qualität der feuerfesten Erzeugnisse zu erkennen, abzumildern und wenn möglich, ganz auszuschalten.

Die Aufgabenstellung lautete daher:

    Feststellung des tatsächlichen Preßdrucks bei hubbegrenzten und Friktions-Spindelpressen

    Untersuchungen über die Zusammenhänge zwischen Füllungsgrad der Form und Preßdruck, sowie Keilformat und Maschinenbelastung

    Untersuchungen zur elastischen Verformung der Preßform

2.2 Verfahren zur Messung des Preßdrucks

Es wurden bereits von vielen Autoren die Druckverhältnisse und die Druckfortpflanzung im Preßling untersucht. Die bedeutendsten Veröffentlichungen hierüber von L. F. ATHY, K. KONOPICKY, C. TORRE, C. BALLHAUSEN, R. W. HECKEL, H. UNCKEL und anderen sind von G. BOCKSTIEGEL in seiner Arbeit »Kritische Betrachtung des Schrifttums über den Verdichtungsvorgang beim Kaltpressen von Pulvern in starren Preßformen« zusammengestellt worden. Er kommt zu dem Ergebnis, daß bei der Untersuchung des Verdichtungsvorgangs hauptsächlich zwei Fragestellungen auftreten, die als parallele Gedankengänge verfolgt werden können, und zwar die Frage nach dem Einfluß des Stempeldrucks auf die mittlere Dichte und die Frage nach dem Einfluß der Wandreibung auf die Dichteverteilung im Preßling.

In beiden Fällen wurden zur Beschreibung der Vorgänge Formeln aufgestellt, die jedoch jeweils nur einige der zahlreichen Einflußgrößen berücksichtigen und daher auch nur eine beschränkte Aussagekraft besitzen. Zur Veranschaulichung der Druckverhältnisse und Druckfortpflanzung im Preßling sind häufig lagenweise oder schachbrettartig in die Form eingebrachte Masseschichten verschiedener Färbung verwendet worden. Auch eingebettete Bleidrahtgitter, deren Verformung durch Röntgenstrahlen sichtbar gemacht wurden und Kleinstdruckmeßdosen nach dem Kugeleindruckprinzip (McRITCHY) sind benutzt worden. Zur Lösung der Aufgaben dieser Arbeit kommen jedoch nur solche Meßverfahren in Frage, die eine Absolutmessung der von der Presse aufgewandten Druckkräfte ermöglichen.

Auf der Suche nach einem geeigneten Meßverfahren mußten folgende Überlegungen angestellt werden:

Ölhydraulische Druckmeßdosen, wie sie zuweilen an Betriebspressen zur Überwachung des Preßdrucks am Stempel angebracht sind, eignen sich trotz ihrer genauen Anzeige aus zwei Gründen nicht: erstens sind sie nicht in der Lage, ungleichmäßige Belastungen der Säulen festzustellen und zweitens ist ihre Anzeige zu träge, um kurzzeitigen Druckspitzen folgen zu können.

Schwingsaitendruckmesser, bei denen sich die Eigenresonanz einer schwingenden Stahlsaite unter dem Einfluß der Materialspannung der beim Pressen auf Zug beanspruchten Säulen ändert, scheiden bei Messungen an Betriebspressen wegen der nicht genügenden Robustheit der Meßanordnung aus.

Für kapazitive Druckgeber gilt etwa das gleiche wie für hydraulische Druckmeßdosen, d. h. sie lassen nur die Messung des Gesamtdrucks zu, da auch sie am Preßstempel angebracht werden müssen. Sie zeichnen sich allerdings durch eine trägheitslose Anzeige aus, ein Vorteil, der durch großen apparativen Aufwand erkauft werden muß.

Nachdem pneumatische Meßverfahren, bei denen der Rückstau eines aus einer Mikrodüse austretenden Preßluftstrahls gegen eine Bezugsplatte eine zu lange Meßbasis erfordern und Potentiometer-Druckgeber aus den gleichen Gründen und zusätzlich wegen unzureichenden Auflösungsvermögens ausscheiden, blieb die Wahl nur noch zwischen dem induktiven Meßverfahren und dem Verfahren der Druckmessung mittels Dehnungsmeßstreifen.

Beide Verfahren zeichnen sich durch höchstes Auflösungsvermögen – d. h. also hohe Anzeigegenauigkeit – und einfache Handhabung aus. Beim induktiven Verfahren ist nicht nur die Empfindlichkeit der Meßwertaufnehmer noch etwa um eine Zehnerpotenz höher als beim ohmschen Verfahren mit DMS, sondern sind auch die Temperatureinflüsse, die die Messung verfälschen können, viel geringer, ja nahezu vernachlässigbar klein.

Wenn trotzdem die Wahl auf das ohmsche Verfahren mit DMS fiel, so hat das seinen Grund vornehmlich in der Kleinheit der Meßwertaufnehmer, die sich in einfachster Weise mit einem Spezialklebstoff auf die Meßobjekte aufkleben lassen.

2.3 Die theoretischen Grundlagen des Messens mit DMS

Beanspruchungen mechanischer Art, wie sie bei der Formgebung von feuerfesten Formsteinen auftreten, rufen in allen Bauteilen der Pressen Materialspannungen hervor. Für den Fall, daß diese Deformationen im elastischen Bereich bleiben, sind sie durch einfache Beziehungen mit den verursachenden Kräften verknüpft:

$$\sigma = E \cdot \varepsilon \qquad \text{oder} \qquad P = F \cdot E \cdot \varepsilon \tag{1}$$

(Hooksches Gesetz)

1856 entdeckte KELVIN, daß elektrische Leiter ihren Widerstand verändern, wenn sie mechanisch gedehnt oder gestaucht werden. Dieser Effekt sowie die oben angeführten Beziehungen liegen dem Messen mit DMS zugrunde. Ein dünner, mäanderförmig auf einer Trägerfolie angebrachter Widerstandsdraht wird mit einem Spezialklebstoff auf ein beanspruchtes Maschinenteil aufgeklebt. Schon kleinste Verformungen des Bauteils genügen, um den Widerstand des DMS meßbar zu verändern. Infolge seiner geringen

Abmessungen erfüllt der DMS einige wesentliche Bedingungen für exaktes Messen:
Da er lediglich aufgeklebt wird, stört er nicht den Spannungsverlauf im Bauteil, er
arbeitet praktisch trägheitslos und erfordert zu seiner Eigenverformung so geringe
Kräfte, daß keine störenden Rückwirkungen zu befürchten sind.

Der Zusammenhang zwischen der Widerstandsänderung und der Dehnung eines DMS
kann in der Beziehung

$$\frac{\Delta R}{R} = k' \cdot \frac{\Delta l}{l} \tag{2}$$

ausgedrückt werden. Andererseits kann man auch schreiben:

$$\varepsilon' = \frac{\Delta l}{l} = \frac{\sigma}{E} \tag{3}$$

Die Materialspannung beträgt demnach

$$\sigma = \varepsilon' \cdot E = \frac{k}{k'} \cdot \varepsilon \cdot E \tag{4}$$

In den Formeln bedeutet:

R = Widerstand des DMS

k = Empfindlichkeitsfaktor der Meßbrücke

k' = Empfindlichkeitsfaktor des DMS

ε = Anzeige des Meßgerätes

ε' = spezifische Dehnung

σ = Materialspannung

E = Elastizitätsmodul des Prüflings

Der Elastizitätsmodul E muß, falls nicht bekannt, vor der Messung ermittelt werden
(siehe unter 3.1).

Der sogenannte k-Faktor k' des DMS ist unter normalen Temperatur- und Dehnungs-
verhältnissen als konstant anzusehen und hat für den üblicherweise verwendeten Meß-
gitterwerkstoff-Konstanten etwa den Wert 2. Die genaue Größe des k-Faktors eines
DMS wird von der Lieferfirma stets auf der Packung angegeben, damit er bei der
Berechnung der gemessenen Kräfte berücksichtigt werden kann.

Für die vereinfachende Annahme, daß der k-Faktor eines DMS genau 2,00 ist (d. h.
$\frac{k}{k'}$ = 1) ergibt sich also die Materialspannung im Prüfling (in kg/cm²) durch einfache Multiplikation der Skalenanzeige des Meßgeräts mit dem Elastizitätsmodul des
Werkstoffs.

Eine wesentliche Voraussetzung für exaktes Messen ist, daß die DMS die Oberflächen-
bewegung des Meßobjekts hysteresefrei mitmachen. Hierzu muß der Widerstandsdraht
möglichst nahe an die Oberfläche herangebracht werden, die Klebstoffschicht also sehr
dünn sein.

Die durch Materialdehnung oder Stauchungen verursachten Widerstandsänderungen der
DMS werden mit einer Wheatstoneschen Brückenschaltung bestimmt. Zu ihrem Aufbau
verwendet man

Aktive DMS: Dehnungsmeßstreifen, die auf den Prüfling aufgeklebt und durch die
einwirkenden mechanischen Kräfte in ihrem Widerstandswert geändert werden.

Kompensations-DMS: Dehnungsmeßstreifen, die auf einem Stück des gleichen Werk-
stoffes wie der Prüfling geklebt sind und stets die gleiche Temperatur wie dieser
aufweisen müssen. Sie werden in den benachbarten Brückenzweig geschaltet, um

das unerwüschte Temperatursignal des aktiven DMS durch ein gleich großes, jedoch gegensinniges Temperatursignal aufzuheben, also um zu verhüten, daß das Meßsignal des aktiven Streifens durch Temperatureinflüsse verfälscht wird.

Feste Widerstände: Von ihnen ist im allgemeinen ein Paar im Meßgerät eingebaut, da man üblicherweise, wie auch bei den dieser Arbeit zugrunde liegenden Messungen, die sogenannte Halbbrückenschaltung benutzt, die nur 2 Widerstände an der Meßstelle benötigt: den aktiven DMS und den Kompensations-DMS. Zwar ist das Meßsignal nur halb so groß wie bei einer Messung mit der Vollbrückenschaltung – also mit 4 DMS an der Meßstelle, von denen 2 aktiv sind – da aber fast immer eine Verstärkung des Meßsignals erforderlich ist, wird im allgemeinen der weniger aufwendigen Halbbrückenschaltung der Vorzug gegeben.

2.4 Beschreibung der verwendeten Meßgeräte

Zunächst wurde bei den Untersuchungen der vorliegenden Arbeit zur Messung der als Gegenkraft beim Pressen auftretenden Materialspannungen in den Maschinenteilen die direktanzeigende Meßbrücke PR 9300 von Philips benutzt. Es handelt sich hierbei um eine Trägerfrequenz-Meßbrücke mit einer Wechselstrom-Speisespannung von wahlweise 2,5 oder 11 Volt und einer Frequenz von 4000 Hz, der ein vierstufiger Verstärker nachgeschaltet ist. Die Meßgenauigkeit beträgt $\pm$ 3% des vollen Zeigerausschlages des Meßinstrumentes in allen 6 Meßbereichen, mit denen die Brücke bei Verwendung von 600 Ohm-Meßstreifen im Bereich von $2 \cdot 10^{-4}$ bis $1 \cdot 10^{-6}$ Dehnung eingesetzt werden kann. Durch Verwendung der Universal-Umschalt-Abgleicheinheit Philips PT 1210/29 war es möglich, insgesamt 6 Meßstellen abzugleichen und vorzuheizen und jeweils eine davon auf das Meßgerät zu schalten. Als nachteilig stellte sich beim Messen mit dieser Meßanordnung heraus, daß die verhältnismäßig große Trägheit des Zeigers im Anzeigeinstrument keine Messung kurzzeitig verlaufender Lastwechselvorgänge erlaubt, es sei denn, man ersetzt das Zeigerinstrument durch einen Kathodenstrahloszillographen, dessen Schirmbild auf fotographischem Wege festgehalten wird. Einige auf diese Weise durchgeführte Messungen an Friktions-Spindelpressen ließen jedoch die Umständlichkeit einer derartigen Meßanordnung deutlich werden.

Als weiterer schwerwiegender Nachteil erwies sich die Unmöglichkeit, gleichzeitig mehrere Meßsignale zu registrieren, wie dieses z. B. bei Messungen an Viersäulen-Pressen erforderlich ist. Die erwähnten Unzulänglichkeiten der Meßapparatur machten es im Laufe der Untersuchungen notwendig, eine mehrkanalige Meßbrücke mit einem nahezu trägheitslosen Registriersystem einzusetzen. Die Wahl fiel auf den Trägerfrequenz-Meßverstärker KWS/6 T 5 der Firma Hottinger-Meßtechnik GmbH in Verbindung mit dem Visicorder-Oscillograph 1508 von Honeywell.

Diese Meßbrücke enthält einen gemeinsamen Stromversorgungsteil und 6 Verstärkerkanäle zur simultanen Messung verschiedener Vorgänge. Jeder dieser Verstärkerkanäle arbeitet völlig unabhängig, lediglich die Oszillatoren sind synchronisiert um Schwebungen zu vermeiden. Bei einer Trägerfrequenz von 5000 Hz weisen die jeweils fünfstufigen, volltransitorisierten Verstärkerkanäle etwa die gleiche Meßempfindlichkeit auf, wie die Philips-Meßbrücke; die durch geeichte Stufen unterteilte Meßbereichsvariation beträgt jedoch 1:3000.

Bei dem zur Registrierung der Meßwerte benutzten Visicorder-Oscillograph 1508 von Honeywell handelt es sich um einen 12-Kanal-UV-Schreiber großer Anpassungsfähigkeit.

Durch eine in 9 Stufen regelbare Geschwindigkeit des direkt entwickelnden, UV-empfindlichen Registrierpapiers, die einen Bereich von 2,5 mm/sec bis 2000 mm/sec umfaßt, lassen sich auch kürzeste Änderungen mechanischer Zustandsgrößen erfassen. Nicht nur die (wenn erforderlich) hohe Papiergeschwindigkeit, sondern auch die fast trägheitslose Anzeige der Spiegelgalvanometer, welche die UV-Strahlen dem Meßsignal entsprechend modulieren, gestatten es, Lastwechselvorgänge, die in der Größenordnung von einigen tausendstel Sekunden liegen, noch einwandfrei zu registrieren. Die Messung der kurzen Druckspitzen bei Friktions-Spindelpressen wird also ohne großen apparativen Aufwand möglich.

Durch den Umstand, daß gleichzeitig bis zu 12 verschiedene Signale aufgezeichnet werden können, eignet sich dieses Schreibgerät auch ganz besonders gut für Messungen an Viersäulen-Pressen. Die beim Preßvorgang in den Säulen auftretenden Zugspannungen werden bei diesem Gerät gleichzeitig aufgezeichnet und man kann auf die bei einkanaligen Meßbrücken notwendigerweise erforderliche Meßweise verzichten, welche – um eine einigermaßen exakte Aussage durch Mittelwertsbildung zu ermöglichen – von jeder Säule mindestens 10 Messungen (insgesamt also 40 Messungen) erfordert. Hierbei ist die Aussage über die Kräfteverteilung in den Säulen der Presse bei nur einer einzigen Messung genauer als bei 40 Messungen mit einer einkanaligen Meßanordnung (10 Messungen je Säule), die zu einer Mittelwertsbildung mindestens erforderlich sind.

Als Meßaufnehmer wurden bei den Messungen ausschließlich DMS der sogenannten Lineartypen verwendet, und zwar SR4-DMS mit Phenolharzträger, deren Meßgitter 600 Ohm Widerstand hat und eine Länge von 30 mm aufweist und Impa-DMS mit Acrylharzträger mit ebenfalls 600 Ohm Widerstand und 20 mm Meßgitterlänge. Der Temperaturkoeffizient der DMS war dem des Stahls angepaßt und betrug $\alpha = 12 \pm 2$ $[\mu/\mathrm{m} \cdot {}^\circ\mathrm{C}]$.

Sowohl die Streifen mit Phenolharzträger wie auch die Streifen mit Acrylharzträger ließen sich mit dem in 15 min aushärtenden 2-Komponenten-Spezialklebstoff X 60 problemlos auf die zu untersuchenden Maschinenteile aufkleben.

2.5 Beschreibung der Meßobjekte

2.5.1 Laborpresse

Bei der Laborpresse, mit der ein Teil der Untersuchungen durchgeführt wurde, handelt es sich um eine Baustoffprüfmaschine BPS 300 von der Firma MAN, welche eine maximale Druckkraft von 300 t erzeugen kann. Der Preßstempel dieser hydraulischen Zweisäulen-Presse arbeitet von unten nach oben; die untere Druckplatte kann auf Schienen aus der Maschine ausgefahren werden, damit schwere Probekörper leicht eingebracht und die Maschine bequem gesäubert werden kann. Die obere Druckplatte wird durch eine Gewindespindel mittels Elektro-Motor in der Höhe verstellt und ist in einer Kugelkalotte gelagert.

Der zur Presse gehörige Meßschrank, in dem auch die elektrisch angetriebene Ölpumpe untergebracht ist, enthält ein Pendelmanometer mit 4 Meßbereichen (300, 150, 60 und 30 t), dessen Meßgenauigkeit $\pm$ 1% des Meßwertes von $1/10$ der Meßbereichs-Höchstkraft an aufwärts beträgt. Zur selbsttätigen Aufzeichnung eines Kraft–Zeit-Diagramms ist ein Diagrammschreiber in dem Meßschrank eingebaut. Außerdem verfügt die Maschine über eine Feinsteuerung und einen Kraftkonstanthalter, der die Prüfkraft über beliebige Zeit unverändert hält.

2.5.2 Friktions-Spindelpressen

Messungen der Höhe des tatsächlichen Preßdrucks an Friktions-Spindelpressen wurden an Pressen der Fabrikate Reissmann und Weserhütte (Soest-Ferrum) vorgenommen.

14

Bei der Reissmann-Presse handelt es sich um eine Viersäulen-Konstruktion mit abgefedertem Unterstempel, die nach Angaben der Firma einen Preßdruck von 120 t ermöglicht. Bei eingeschalteter Automatik läuft das Preßprogramm folgendermaßen ab (nach Angabe der Firma):

    Vorpressung zur Entlüftung der Masse ca. 3 sec

    Druckentlastung innerhalb ca. 1,5 sec (Entlüftungspause)

    Haupt- und Schließdruck innerhalb ca. 2 sec (Gefügeschließung der Preßmasse)

    Auflauf innerhalb ca. 3,5 sec (Ausheben des Preßlings, Abschub und Füllen)

Häufig wird die Presse, wenn es die Eigenart der Preßmasse erfordert, auch ohne Automatik, also von Hand gefahren und mit mehreren Hauptschließdrücken gearbeitet. Zum Antrieb der Presse dient ein 15-kW-Motor.

Die 90-t-Spindelpresse »Weserhütte« von Soest-Ferrum ist eine Zweisäulen-Konstruktion ohne abgefederten Unterstempel. Sie wird im allgemeinen ohne Automatik gefahren. In ihrer Arbeitsweise ist sie im Prinzip der Reissmann-Presse ähnlich. Zum Antrieb sind 8 kW erforderlich.

2.5.3 Hydraulische Pressen

Zu ihnen gehören die Laeis-Pressen, die als Viersäulen-Konstruktionen von 500 bis 2000 t Gesamtpreßdruck hergestellt werden. An ihnen wurden Kontrollmessungen zur Überprüfung der Meßapparatur vorgenommen, da direktwirkende hydraulische Pressen die Ermittlung des echten Preßdrucks aus dem Durchmesser des oder der Preßkolben und dem Druck im hydraulischen System in einfacher Weise ermöglichen.

Laeis-Pressen wirken doppelseitig, d. h. Ober- und Unterstempel werden gleichzeitig hydraulisch gegen die Preßmasse in der Form gepreßt. Durch ein Druckbegrenzungsventil läßt sich der gewünschte Preßdruck stufenlos einstellen, auch die Preßkolbengeschwindigkeit ist in weiten Grenzen regelbar und die Entlüftung kann in bis zu drei Stufen erfolgen.

2.5.4 Kniehebelpressen

Es wurden Kniehebelpressen der Fabrikate Boyd, Viebahn und Horn untersucht. Bei der amerikanischen Boyd-Presse wird der Kniehebel mechanisch betätigt, bei den Viebahn- und Horn-Pressen dagegen hydraulisch. Sowohl das Gestell der Viebahn-Pressen wie auch das der Boyd-Pressen bestehen aus stabilen Schweißkonstruktionen aus 50 bis 80 mm starken Stahlplatten, welche die beim Pressen auftretenden Gegenkräfte aufnehmen. Die Formentische waren bei diesen Pressen nicht abgefedert, es wurde also mit einseitigem Preßdruck gearbeitet.

Bei den Kniehebelpressen von Horn handelt es sich bei der 300-t-Ausführung um Zweisäulen- und bei der 600-t- und 1200-t-Ausführung um Viersäulen-Pressen. Bei allen Modellen ist der Formentisch (Aufspannrahmen) mechanisch durch Federn, bei den 600-t- und 1200-t-Pressen auch teilweise hydraulisch abgefedert, wodurch im Verlauf des Preßvorganges bei Beginn der Wandreibung der Rahmen mit der aufgespannten Form in Preßrichtung nachgibt und sich gegen den feststehenden Unterstempel bewegt. Hierdurch wird der Effekt des doppelseitigen Pressens erreicht.

Eine Sonderausführung der Kniehebelpressen von Horn, an der jedoch keine Messungen vorgenommen wurden, verfügt über einen direkt wirkenden hydraulischen Zylinder, der bei feststehendem Formentisch den unteren Preßkolben nach Gradestellung des Kniehebels gegen die Masse in der Form drückt und auf diese Weise einen doppel-

seitigen Preßdruck ausübt. Pressen dieser Art haben bisher in den Werken der feuerfesten Industrie noch keine große Verbreitung gefunden.

Kniehebelpressen werden gelegentlich auch ohne besondere Entlüftungshübe betrieben,
da es in der Eigenart des Kniehebelprinzips liegt, daß die Schließ- und Öffnungszeit sehr
kurz ist, während der eigentliche Preßvorgang bei zunehmender Verdichtung sich
immer mehr verzögert. Hierdurch wird in manchen Fällen eine ausreichende Entlüftung
bewirkt.

2.5.5 Formkästen

Die Preßformen, in denen feuerfeste keramische Massen durch Druck des Preß- und
Gegenstempels in ihre endgültige Form gepreßt werden, bestehen im allgemeinen aus
sogenannten Formmutterkästen, die mit Futterplatten aus vergüteten, verschleißfesten
Sonderstählen, deren lichte Abmessungen dem gewünschten Steinformat entsprechen,
ausgekleidet sind. Sie sollen einerseits eine möglichst geringe elastische Eigenverformung
während des Pressens aufweisen und andererseits aber auch nicht zu schwer und un-
handlich sein, da dieses einen Formwechsel bei der Umstellung auf ein anderes Format
sehr erschwert und viel Zeit beansprucht.

Man findet in der Praxis vorwiegend zwei Arten von Formmutterkästen, und zwar
einmal eine Schweißkonstruktion aus ca. 20–65 mm starken Stahlplatten, auf welche
Verstärkungsrippen, die einer elastischen Verformung entgegenwirken sollen, auf-
gebracht sind und zum anderen einen Massiv-Rahmen aus Gußmaterial, in den die
eigentlichen Formplatten entweder durch Hinterfütterung mit Stahlplatten und Keilen
oder durch Hintergießen mit Beton eingepaßt sind. Es wurden vereinzelt auch schon
– und zwar im Hinblick auf eine Gewichtsverminderung der mitunter mehrere hundert
kg schweren Formmutterkästen – erfolgreiche Versuche mit glasfaserverstärkten Poly-
ester-Formkästen durchgeführt.

Die Erkenntnisse der Untersuchungen dieser Arbeit führten zur Entwicklung eines
neuartigen Formkastens, über den noch berichtet wird.

3. Versuchsanordnung und Durchführung der Versuche

3.1 Druckmessungen an hydraulischen Pressen zur Bestimmung des E-Moduls der Säulenwerkstoffe

Nach den Formeln 1, 3 und 4 ist neben der Materialspannung σ die Kenntnis der Größe
des Elastizitätsmoduls E des untersuchten Werkstoffs für die Berechnung der absoluten
Höhe des Preßdrucks notwendig.

Da der Elastizitätsmodul für Stahl etwa in den Grenzen von $1{,}7 \cdot 10^6$ bis $2{,}1 \cdot 10^6 \ \dfrac{kp}{cm^2}$
liegen kann, also eine Variationsbreite von ca. 20% möglich ist, die eine entsprechende
Auswirkung bei der Berechnung der Preßdrücke hat, muß der Wert für E hinreichend
exakt bekannt sein, um die bis auf 3% Genauigkeit angestrebte Aussage über die Preß-
druckhöhe auch tatsächlich zu gewährleisten.

16

Zur Bestimmung der Höhe von E sind grundsätzlich drei Wege möglich:

Man läßt sich von der Pressen-Herstellerfirma den Elastizitätsmodul des Werkstoffs, aus dem die Säulen der Presse gefertigt sind, angeben. Hierüber herrscht allerdings auch manchmal bei der Herstellerfirma Unklarheit, da bei Stählen gleicher Analyse je nach Vergütungsgrad und Alterung infolge dauernder mechanischer Beanspruchung der Wert für E unterschiedlich sein kann.

Man besorgt sich einen Probestab aus dem in Frage kommenden Material und bestimmt E durch eine Resonanzmessung.

Man macht eine Vergleichsmessung zur Bestimmung von E an einer hydraulischen Presse, bei der die wahren Druckverhältnisse bekannt sind und rechnet zurück. Der auf diese Weise errechnete Wert gilt zwar strenggenommen nur für das Säulenmaterial speziell dieser Presse, aber man erhält doch in etwa einen Wert für E der erkennen läßt, wo innerhalb der Variationsbreite die Stähle einzuordnen sind, die von den Maschinenfabriken üblicherweise als Säulenmaterial verwendet werden.

Um bei den Untersuchungen der vorliegenden Arbeit mit einem möglichst genauen Wert für E operieren zu können, wurden alle drei Möglichkeiten ausgeschöpft.

Auf Anfrage teilte die Maschinenfabrik Horn mit, daß das Säulenmaterial der Kniehebelpressen einen Elastizitätsmodul von $1,9 \cdot 10^6 \ \frac{\mathrm{kp}}{\mathrm{cm}^2}$ aufweist.

Ein aus einer alten Säule einer 90-t-Friktions-Spindelpresse, Modell Weserhütte, herausgeschnittener Probestab ergab nach der Resonanzmethode für E einen Wert von $1,87 \cdot 10^6 \ \frac{\mathrm{kp}}{\mathrm{cm}^2}$, also eine gute Übereinstimmung mit der Angabe von Horn.

Daraufhin wurden Vergleichsmessungen an hydraulischen Pressen vorgenommen, die zeigen sollten, wie weit die elektrisch gemessenen Druckkräfte bei einer Annahme des Elastizitätsmoduls E mit $1,9 \cdot 10^6 \ \frac{\mathrm{kp}}{\mathrm{cm}^2}$ von der hydraulischen Anzeige der Presse abweichen und ob eventuell eine Korrektur für E erforderlich ist.

An einer älteren italienischen 850-t-Bernaris-Presse, eine Zweisäulen-Konstruktion mit direkt wirkendem, hydraulisch betätigtem Preßkolben, wurden die Säulen mit je einem aktiven DMS versehen und der Säulendurchmesser mit einer Schieblehre genau bestimmt.

Nach Einbau eines geeichten Manometers in den Hydraulikkreis der Presse und Abgleich der Meßbrücke erfolgten zehn Probemessungen, bei denen jeweils die Presse voll ausgefahren wurde. Als Preßling diente ein etwa normalsteingroßer, zum Schutz der Preßstempel beiderseitig mit 3 mm starken Aluminiumplatten belegter Stahlblock, um eine Beeinflussung des Meßergebnisses durch Verformungs–Zerkleinerungs- und Formierungsarbeit, die in körnigen Trockenmassen auftreten, auszuschalten.

Als Mittel aus 10 Messungen betrug der aus Kolbendurchmesser und Druck im ölhydraulischen System errechnete Preßdruck 835,5 t und der mit DMS gemessene Druck 820 t, also eine Abweichung von $-1,6\%$, welche auf rechnerisch nicht erfaßbare Reibungsverluste des Kolbens im Zylinder und auf Verformungsarbeit in den beiden Aluminium-Schutzplatten zurückzuführen ist.

Aus diesem Versuch ist zu erkennen, daß einerseits die aus DMS-Trägerfrequenzmeßbrücke und Schreibgerät bestehende Meßapparatur korrekte Werte liefert und andererseits die Annahme eines Wertes von $1,9 \cdot 10^6 \ \frac{\mathrm{kp}}{\mathrm{cm}^2}$ für den Elastizitätsmodul der Säulenwerkstoffe von Pressen berechtigt ist.

Eine vor längerer Zeit noch mit der einkanaligen Meßanordnung durchgeführte Messung zur Bestimmung des E-Moduls an einer 500-t-Laeis-Presse führten zu einem ähnlichen Ergebnis. Nach Mittelwertsbildung aus 40 Einzelmessungen (10 Messungen an jeder Säule der Viersäulen-Presse) ergab sich bei Annahme eines Elastizitätsmoduls von

$$E = 1{,}9 \cdot 10^6 \ \frac{\mathrm{kp}}{\mathrm{cm}^2}$$ ein Gesamtzug an den Säulen von 338 t, dem eine hydraulische

Anzeige von 334 t gegenüberstand. So gut die Übereinstimmung der DMS-Anzeige mit dem hydraulisch gefundenen Meßwert zunächst auch erscheinen mag, ist sie doch kritisch zu bewerten, da in diesem Fall die Gegenkraft (wenn auch nur geringfügig) größer ist als die verursachende Kraft (reactio > actio). Der Wert von $E = 1{,}9 \cdot 10^6 \ \frac{\mathrm{kp}}{\mathrm{cm}^2}$

darf als gesichert gelten, es kann also nur die Unzulänglichkeit der einkanaligen Meßanordnung zu dem Meßergebnis geführt haben.

3.2 Druckmessungen an Friktions-Spindelpressen

Der hohe Verschleiß der Preßwerkzeuge an Friktions-Spindelpressen wie auch die Eigenschaften der Formlinge, insbesondere das Raumgewicht, die Porosität und die Kantenfestigkeit ließen schon immer vermuten, daß der tatsächliche Preßdruck höher liegen muß, als der vom Pressenhersteller angegebene Nenndruck erwarten läßt.
Nachdem die unter 3.1 beschriebenen Vorversuche die Brauchbarkeit des elektrischen Meßverfahrens mittels DMS bestätigt hatten, wurden Druckmessungen an Friktions-Spindelpressen zur Ermittlung der Höhe des wahren Preßdrucks durchgeführt.
Bei der einkanaligen Meßweise, mit der die ersten Versuche vorgenommen wurden, bestand die Versuchsanordnung aus zwei aktiven und zwei inaktiven, nur der Temperaturkompensation dienenden Meßstreifen mit je 600 Ohm Widerstand, die über einen Meßstellenumschalter mit der Trägerfrequenzmeßbrücke verbunden waren. Durch Mittelwertsbildung aus einer Serie von Einzelmessungen unter gleichen Bedingungen ließen sich die Zugkräfte in jeder der beiden Säulen bestimmen, die wie unter 4.3 noch berichtet wird, durchaus nicht immer gleich sein müssen. Kam es jedoch nur auf die Bestimmung der absoluten Höhe des Preßdrucks an, so erwies es sich als zweckmäßiger, jede Säule mit einem aktiven Streifen von 300 Ohm zu versehen (mit zugehörigen Kompensationsstreifen) die, in Serie geschaltet, zusammen den erforderlichen Brückenwiderstand von 600 Ohm bildeten. Mit dieser Anordnung konnte schon bei einem einmaligen Preßvorgang der Gesamtpreßdruck als Summe der Zugspannungen in den beiden Säulen bestimmt werden.
Da das Zeigerinstrument der Philips-Trägerfrequenzmeßbrücke für den kurzzeitigen Druckaufbau beim Preßvorgang zu träge ist, und ein geeignetes schreibendes Gerät noch nicht zur Verfügung stand, mußte der Brücke ein Kathodenstrahloszillograph nachgeschaltet werden, dessen Schirmbild auf fotographischem Wege registriert wurde.

Die unter 2.4 beschriebene sechskanalige Meßbrücke mit nachgeschaltetem UV-Schreiber erlaubte eine wesentlich vereinfachte Versuchsdurchführung.
Die Anordnung der inaktiven Meßstreifen, das gilt auch für die anderen Pressentypen, wurde zunächst so vorgenommen, daß man sie senkrecht zur Richtung der Dehnung neben den aktiven Streifen auf die Säulen klebte. Hierdurch war zwar die Bedingung der gleichen Bezugstemperatur erfüllt, aber es stellte sich heraus, daß die Querkontraktion der Säulen nicht zu vernachlässigen ist. Durch sie werden die inaktiven Streifen gewissermaßen aktiv und verfälschen das Meßergebnis. Ein Versuch, die inaktiven Streifen in kleine Kunststoffbeutel zu stecken und diese auf den Säulen anzubringen, konnte auch

18

nicht voll befriedigen, da keine einwandfreie Übertragung der Säulentemperatur auf
den Kompensationsstreifen gewährleistet war. Erst das Aufkleben des Kompensations-
streifens auf eine kleine Stahlplatte, die mit einem Dauermagneten unmittelbar neben
dem aktiven Streifen am Meßobjekt befestigt wird, brachte eine in jeder Weise zuver-
lässige Lösung.

3.3 Druckmessungen an Kniehebelpressen

Die Versuchsanordnung bei der Druckmessung an Kniehebelpressen entsprach im
wesentlichen der Versuchsanordnung bei den Friktions-Spindelpressen. Da der über-
wiegende Teil der untersuchten Kniehebelpressen Viersäulen-Pressen waren, also mit
wenigstens vier aktiven Streifen (und einer entsprechenden Anzahl an Kompensationsstreifen) gemessen wurde, kam bei diesen Preßdruckmessungen die Überlegenheit der
vielkanaligen Meßanordnung noch stärker zum Ausdruck.
Gewisse Messungen, wie z. B. der Einfluß eines bestimmten Steinformats auf die Belastung der Säulen lassen sich überhaupt nur mit einer Meßmethode feststellen, welche
die Verteilung der z. B. bei einem keilförmigen Format unterschiedlichen Zugbean-
spruchungen in den Säulen bei nur einer einzigen Messung deutlich macht. Wegen des,
wie noch gezeigt wird, außerordentlichen Einflusses, den die Füllung, oder besser der
Füllungsgrad einer Form bei Kniehebelpressen auf den Druckaufbau während des
Pressens ausübt, sind bei einkanaliger Meßweise, selbst bei einer Vielzahl von Einzelmessungen mit nachfolgender Mittelwertsbildung keine exakten Aussagen möglich.
Die Klärung der Frage, ob in den Säulen einer Presse neben Zugspannungen auch
Biegespannungen auftreten können, ist von großer Bedeutung. Es wäre dann nicht
gleich, ob der aktive Meßstreifen am Ende der Säule, oder etwa in der Mitte geklebt
wird; eventuell wäre es sogar erforderlich, vier DMS rings um die Säule anzubringen,
die durch paarweise Parallel- und Serienschaltung zusammen wieder einen Brückenwiderstand von 600 Ohm ergeben. Hierdurch würden sich unterschiedliche Dehnungen
an der Säulenoberfläche infolge Biegung eliminieren.
Die an einer 1200-t-Kniehebelpresse von Horn zur Untersuchung der Säulen auf Biegung
durchgeführten Versuche ergeben für drei jeweils um 120° versetzte DMS folgende
Werte für $\dfrac{\Delta l}{l}$:

DMS 1	DMS 2	DMS 3
53	51,5	53
55	52,5	55
55	55	55
54	52,5	54
54	54	55
55	54	55
52	51,5	53
55	55	56
53	52	53
55	53	54
$\varnothing\ 54{,}1 \cdot 10^{-5}$	$\varnothing\ 53{,}5 \cdot 10^{-5}$	$\varnothing\ 54{,}3 \cdot 10^{-5}$

Aus diesen Werten ist zu ersehen, daß eine Durchbiegung der Säulen, wenn überhaupt
vorhanden, nicht ins Gewicht fällt. Es genügt also vollauf, sich einer Meßanordnung zu

bedienen, die für jede Säule nur einen aktiven Streifen benötigt, zumal aus praktischen Gründen die Meßstreifen entweder am oberen oder am unteren Säulenende befestigt werden müssen, da der Führungsschlitten des Oberstempels den mittleren Teil der Säule, der einer etwaigen Biegung am stärksten ausgesetzt wäre, beim Pressen ständig durchfährt.

Bei einigen Druckmessungen war ein zusätzlicher DMS direkt am Preßstempel befestigt, um die vom Stempel auf die Preßmasse in der Form ausgeübte Druckkraft mit der an den Säulen gemessenen Zugkraft vergleichen zu können.

3.4 Untersuchungen zum Atmen der Preßform

Zur Messung der elastischen Verformung der Preßformen (des sogenannten Atmens) wurden die DMS so auf der Form verteilt, wie aus den Skizzen (vgl. 4.4) hervorgeht. Außerdem wurde jeweils ein DMS auf einer Säule der Presse appliziert, um auch die Höhe des Preßdrucks im Diagramm aufzeichnen zu können.

Neben Untersuchungen an Preßformen, die üblicherweise bei der Formgebung trockener feuerfester Massen verwendet werden, wurden im Forschungsinstitut Versuche mit einem Formkasten gemacht, der speziell für Studien über das Atmen einer Preßform entwickelt worden war und dessen schematischen Aufbau die Abb. 1 darstellt.

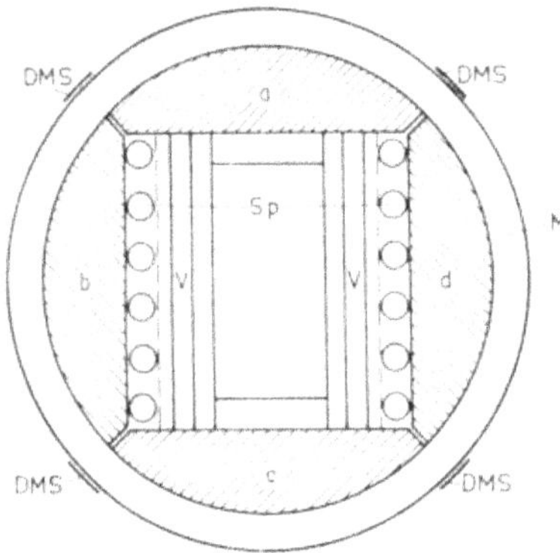

Abb. 1
Versuchsform zur Untersuchung des »Atmens«

4. Ergebnisse

4.1 Friktions-Spindelpressen

Schon mit der einkanaligen Meßanordnung und ihrer unter 3.2 beschriebenen aufwendigen Meßweise wurde festgestellt, daß der tatsächliche Preßdruck beim letzten der drei oder vier üblicherweise gefahrenen »Schläge« einen Höchstwert erreicht, welcher weit über der Nennangabe liegt, die von den Herstellerfirmen der Friktions-Spindelpressen angegeben werden.

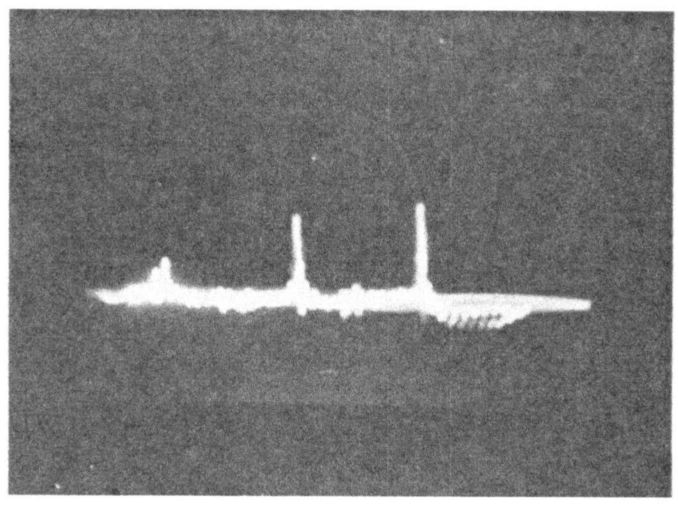

Abb. 2   Schirmbildfoto eines Kathodenstrahloszillographen bei der Druckmessung
an einer 120-t-Friktions-Spindelpresse

Die Abb. 2 zeigt das Schirmbildfoto eines Kathodenstrahloszillographen, nach dessen
Auswertung sich beim letzten Schlag ein Preßdruck von 185 t bei einer 120-t-Reiss-
mann-Presse ergab. Man sieht auf diesem Foto übrigens recht gut (von links nach rechts)
den sogenannten Entlüftungsvordruck und zwei nachfolgende »Schläge« mit wachsen-
dem Druckanstieg.

Mit der verbesserten, mehrkanaligen Meßanordnung wurden eine große Anzahl von
Versuchen durchgeführt, die zeigten, daß der Nenndruck im allgemeinen immer über-
troffen wird. Allerdings ist die Dauer der Druckspitze außerordentlich kurz und beträgt
oft nur einige hunderstel Sekunden beim letzten Schlag.

Dieses geht aus der Abb. 3 hervor, die als Ausschnitt aus einem Meßprotokoll den
letzten von insgesamt vier Schlägen einer 90-t-Spindelpresse, Modell Weserhütte, zeigt.

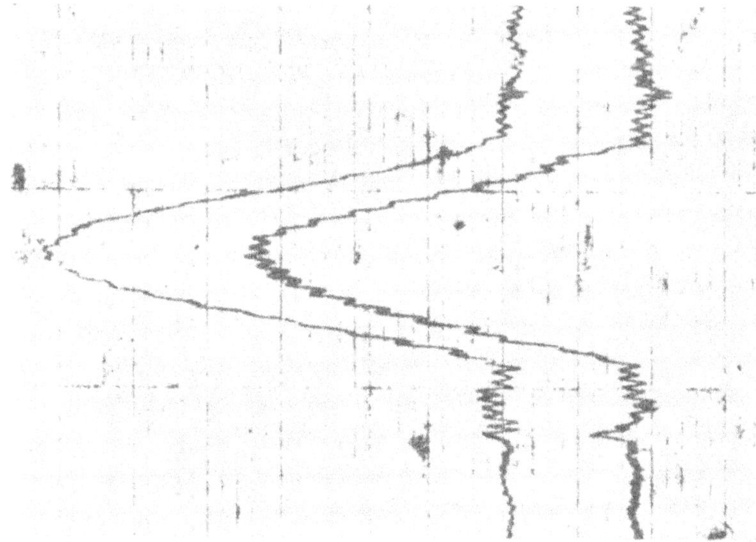

Abb. 3   Meßprotokoll einer 90-t-Friktions-Spindelpresse

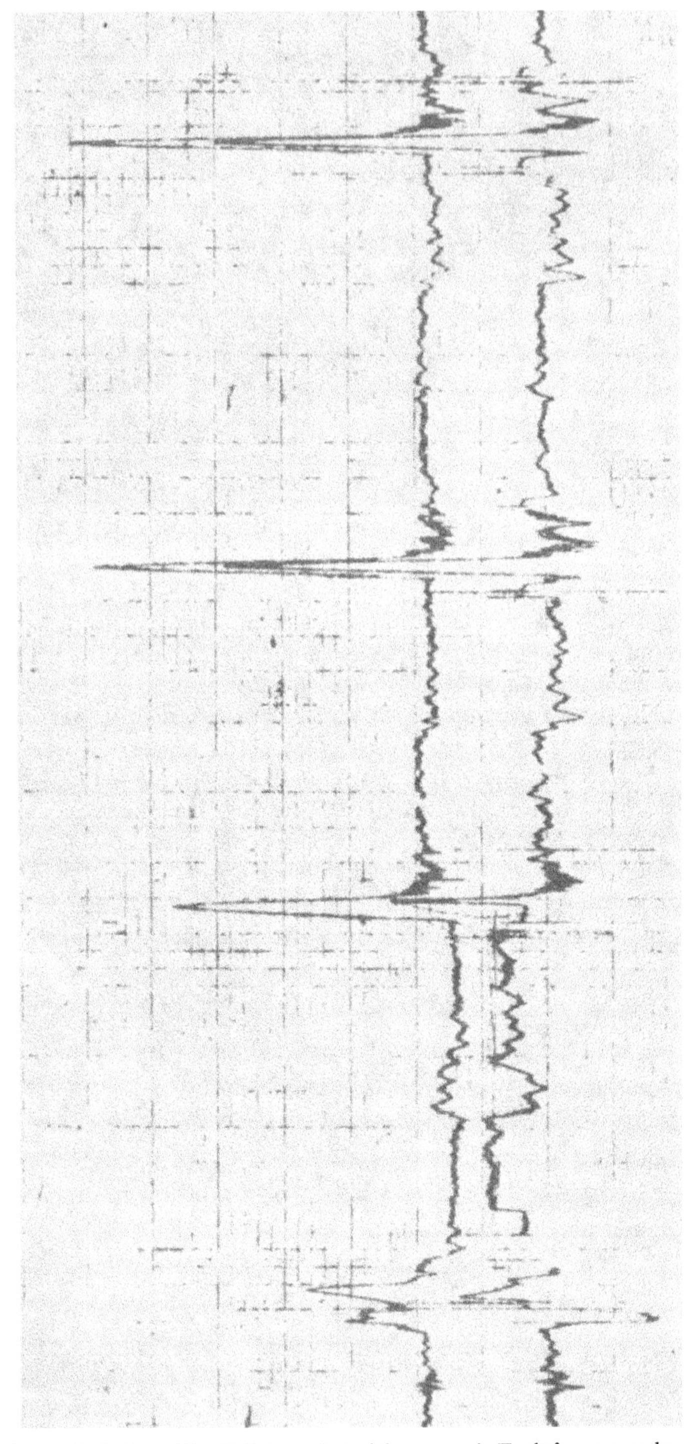

Abb. 4 Meßprotokoll einer 90-t-Friktions-Spindelpresse mit Entlüftungsvordruck, erstem, zweitem und dritten Schlag

Der Abstand zweier Zeitmarken entspricht $^1/_{10}$ sec. Aus den Zugkräften der Säulen, die, wie man erkennen kann, ziemlich gleichmäßig belastet werden, errechnet sich ein Preßdruck von 195 t.

Die Abb. 4 zeigt einen kompletten Meßstreifen einer Druckmessung an einer anderen 90-t-Spindelpresse. Um an Hand der vier aufgezeichneten Preßvorgänge den sich von Schlag zu Schlag erhöhenden Druck besser erkennen zu lassen, wurde die Aufzeichnung durch eine langsame Papiergeschwindigkeit zusammengedrängt. Der errechnete Preßdruck beträgt für den ersten Schlag (Entlüftung) 51 t, für den zweiten Schlag 99 t, für den dritten Schlag 163 t und für den vierten Schlag 170 t. Die Aufzeichnung läßt übrigens deutlich erkennen, daß sich die Königsmuttern der Säulen gelockert haben und eine Überholung der Presse notwendig ist.

Der Einfluß einer nicht festsitzenden Königsmutter (sie wurde für den Versuch absichtlich gelöst) geht aus der rechten Aufzeichnung der Abb. 5 hervor. Die Säule »springt«, wie der Praktiker sagt.

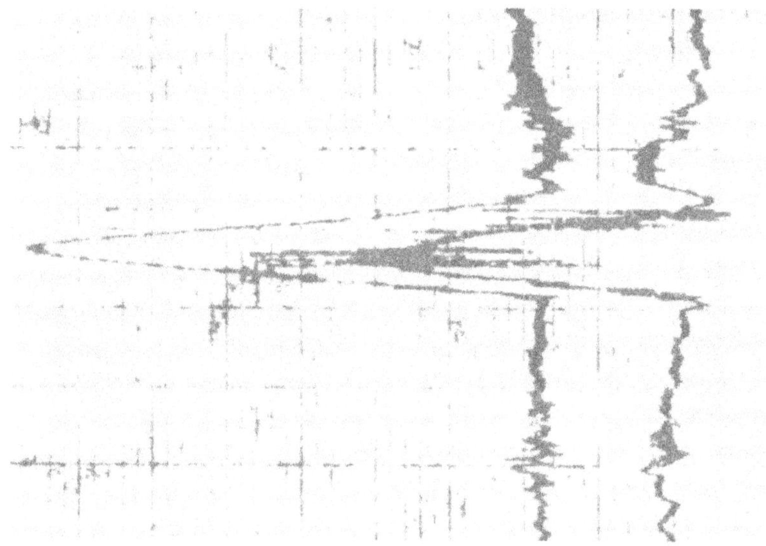

Abb. 5   »Springen« einer Säule bei gelockerter Königsmutter

Jede Maschine bedarf der regelmäßigen Inspektion. Was dabei herauskommt, wenn diese unterbleibt, zeigt die Abb. 6. Als die Messung gemacht wurde, war die Maschine seit einem Jahr täglich 10–16 Stunden lang in Betrieb. Abgesehen von einem gelegentlichen Abschmieren entfiel jegliche Wartung. Es verwundert daher nicht, daß die Führung der Mitteltraverse und die Spindelbüchse vollkommen ausgeschlagen waren und der Friktionstrieb eine Unwucht aufwies. Das Zusammenspiel dieser Faktoren führte zu starken, mit der Hand spürbaren Vibrationen der Maschine, die durch die DMS im Meßprotokoll deutlich aufgezeichnet sind.

Nach einer gründlichen Werkstattüberholung der Presse wurden bei der Herstellung des gleichen Steinformats erneut Messungen durchgeführt. Die Gegenüberstellung der alten und neuen Ergebnisse ist in Abb. 7 dargestellt und spricht für sich selbst.

4.2 Einfluß der Formfüllung auf die Höhe des Preßdrucks bei Kniehebelpressen

Auf einer 1200-t-Kniehebelpresse von Horn wurden zwei je 10,8 kg schwere Magnesitsteine gepreßt. Hierbei betrug der Preßdruck 1320 t. Nach Erhöhung der Einwaage um

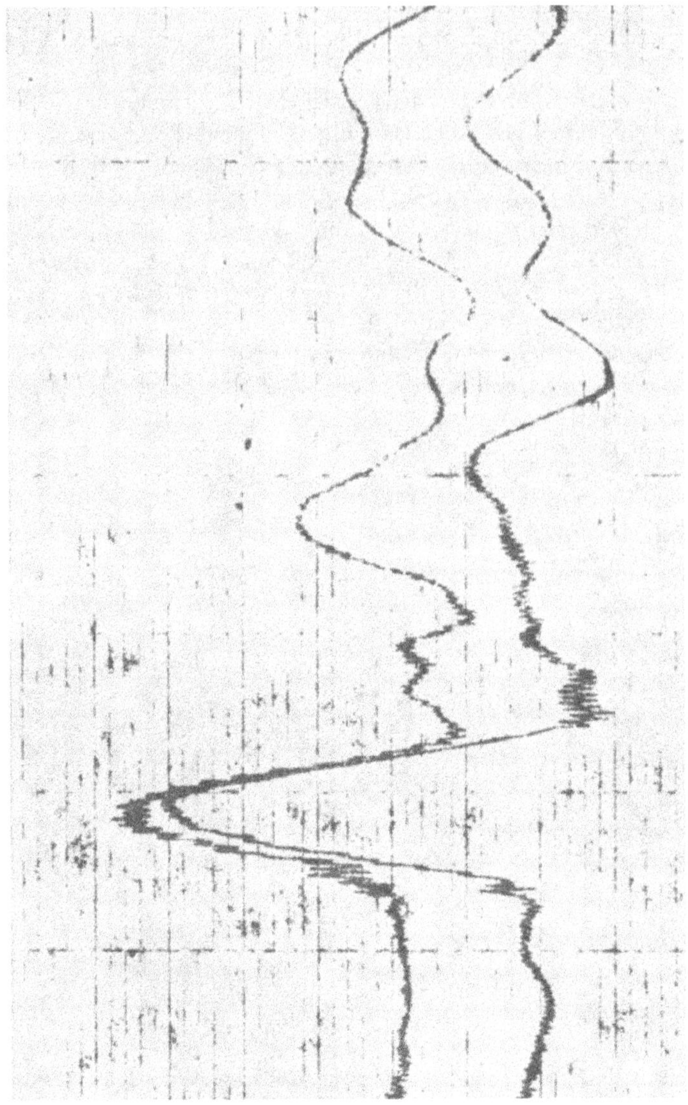

Abb. 6   Meßprotokoll einer schlecht gewarteten Friktions-Spindelpresse

je 250 g stieg der Preßdruck auf 1678 t, also um 358 t. Auf Grund dieser Feststellung
wurden systematisch Versuchsreihen gefahren, bei denen die Einwaage bei sonst gleichbleibenden Versuchsbedingungen stufenweise erhöht wurde. Aus der Vielzahl der
Messungen sind nachfolgend einige charakteristische herausgegriffen.
Abb. 8 zeigt den Anstieg des Preßdrucks mit zunehmendem Gewicht der Einwaage bei
der Herstellung von zwei Magnesit-Mischersteinen auf der gleichen 1200-t-Presse wie
oben. Die, übrigens noch mit der einkanaligen Meßanordnung gefundenen Meßwerte
lassen einen Druckanstieg von 100 bis 150 t je 200 g Einwaageerhöhung (ca. 1% des
Steingewichtes) erkennen. Bei den letzten Meßpunkten die fällt Kurve wieder leicht ab.

Einen ganz ähnlichen Verlauf der Einwaage-Druckkurven findet man in Abb. 9 wieder.
Bei diesem Beispiel wurden auf einer 600-t-Kniehebelpresse von Horn Cowpersteine
aus zwei verschiedenen Massen, die die Werksbezeichnung Schamotte A und Schamotte

24

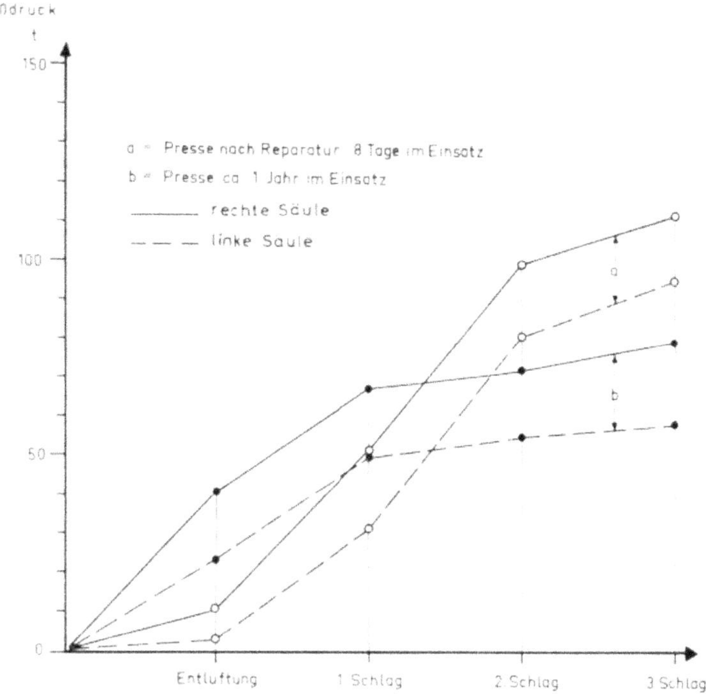

Abb. 7   Anstieg des Preßdrucks von Schlag zu Schlag vor und nach der Überholung
einer Friktions-Spindelpresse

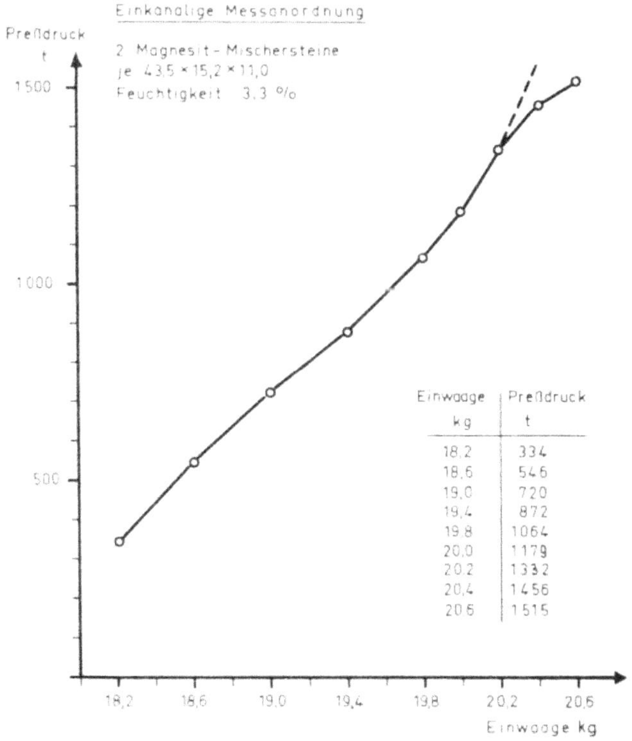

Einwaage kg	Preßdruck t
18,2	334
18,6	546
19,0	720
19,4	872
19,8	1064
20,0	1179
20,2	1332
20,4	1456
20,6	1515

Abb. 8   Abhängigkeit des Preßdrucks von der Füllung der Form
bei einer 1200-t-Kniehebelpresse

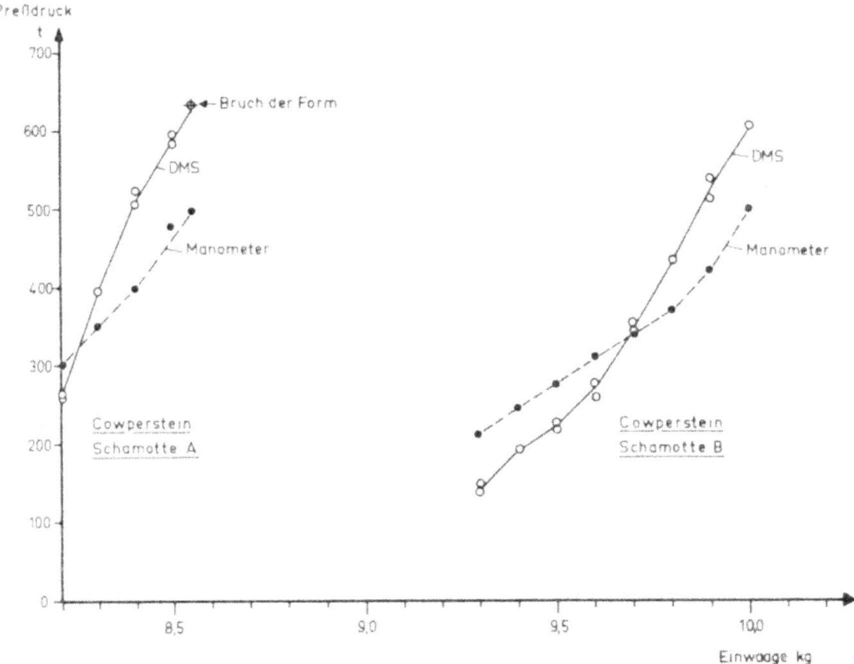

Abb. 9   Abhängigkeit des Preßdrucks von der Füllung der Form
bei einer 600-t-Kniehebelpresse

B trugen, hergestellt. Wie aus der Darstellung ersichtlich ist, weist die Preßmasse mit der Bezeichnung B ein wesentlich höheres spezifisches Gewicht auf als die Masse A.

Die Anzeige des an die Hydraulik der Presse angeschlossenen, von der Firma auf effektiven Preßdruck »geeichten« Manometers ist in die beiden Diagramme jeweils mit eingezeichnet und läßt die Fragwürdigkeit einer solchen Druckmessung bei Kniehebelpressen erkennen. Lediglich bei etwa 350 t ist eine Übereinstimmung der hydraulischen und der elektrischen Anzeige zu beobachten. Der Grund für den unterschiedlichen Kurvenverlauf ist das sich stets ändernde Übersetzungsverhältnis des Kniehebels.

Die Abb. 10 stellt einen Ausschnitt aus dem der Abb. 9 zugrunde liegenden Meßprotokoll dar und läßt den Druckanstieg von 80 t für die beiden Kurvenpunkte 355 t und 435 t der rechten Darstellung (Schamotte B) erkennen.

Bei einer Erhöhung der Einwaage um 100 g (1% des Steingewichtes) betrug bei den 200 mm hohen Cowpersteinen der Druckanstieg im $\varnothing$ nur etwa 50–100 t, wodurch eindrucksvoll bestätigt wird, daß flache Formlinge viel besser verdichtet werden als hohe, und es besonders bei flachen Preßlingen bei überhöhter Einwaage zu einem Druckanstieg kommen kann, der eine Gefahr für die Presse darstellt. Dieses zeigt das nachfolgende Beispiel:

An einer 1200-t-Kniehebelpresse von Horn war es zu einem Bruch der oberen Traverse gekommen. Nach erfolgter Reparatur wurde beim Pressen von zwei Magnesitsteinen mit den Abmessungen 433 × 153 × 100 mm, deren Gewicht je 21,3 kg betrug, ein Preßdruck von 2490 t (!) gemessen. Dieser Wert wurde zunächst angezweifelt, aber durch Kontrollmessungen, die eine meßtechnische Spezialfirma durchführte, bestätigt. Nach Austausch des Druckbegrenzungsventils in der Hydraulik der Presse durch die Firma Horn schaltet nun die Presse bei einem Höchstdruck von 1700 t, der bei einer zu hohen Einwaage ohne weiteres auftreten kann, ab.

26

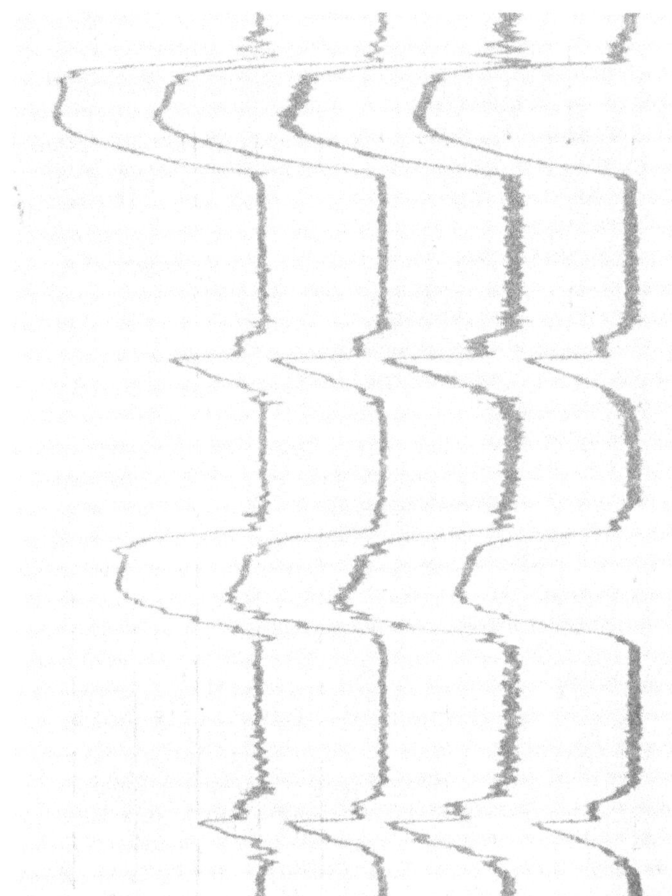

Abb. 10   Ausschnitt aus dem Meßprotokoll der in Abb. 9 dargestellten Versuchsreihe

In der Abb. 11 ist das Einwaage-Druckdiagramm einer 300-t-Rohrpresse, die auch als Kniehebelpresse ausgeführt ist, wiedergegeben. Bei einer Länge des Rohrs von 340 mm (— Höhe des Preßlings) erreicht hier der Preßdruck erwartungsgemäß nur eine Höhe von 176,5 t.

Das leichte Nachlassen der Steilheit der Druckanstiegskurve bei den letzten Meßpunkten, die in den Abb. 8 und 9 erkennbar ist, kommt noch stärker zum Ausdruck, wenn man den Maßstab auf der Ordinate quadratisch wählt. Das schraffierte Dreieck in der Abb. 12 läßt erkennen, daß die drei letzten Punkte der Druckkurve nicht mehr der vorherigen offensichtlichen Gesetzmäßigkeit folgen.

Da bei allen Messungen der Kniehebel auch tatsächlich voll durchgedrückt worden war, muß also irgendein Bauteil, wahrscheinlich der Formkasten, im Bereich der hohen Drücke elastisch nachgeben und den Druckanstieg verlangsamen. Der quadratische Maßstab übertreibt diesen Effekt stark, er wurde nur zur Verdeutlichung gewählt.

Bei Kniehebelpressen, deren Rahmen als Schweißkonstruktion ausgeführt ist, die also keine, die Zugkräfte aufnehmenden Säulen besitzen (z. B. Viebahn- und Boyd-Pressen), läßt sich die Höhe des Preßdrucks am einfachsten durch die Stauchung des Preßstempels bestimmen. Am Preßstempel hat man nämlich die Möglichkeit, den Querschnitt des Materials (den man zur Berechnung des Preßdrucks benötigt) genau an der mit dem DMS beklebten Stelle auszumessen. Man kann aber auch den auf diese Weise erhaltenen

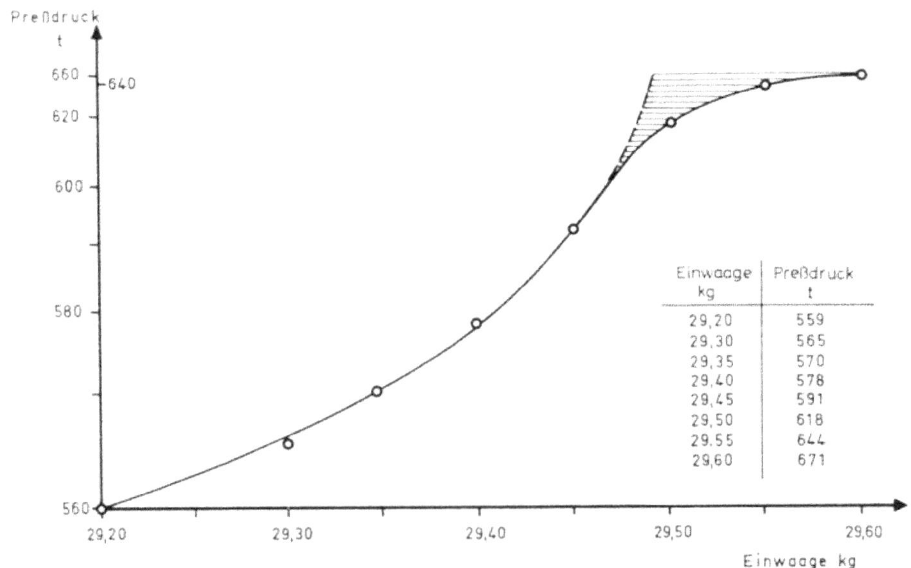

Abb. 11   Abhängigkeit des Preßdrucks von der Füllung der Form bei der Herstellung
eines hohen Formats auf einer 300-t-Kniehebelpresse

Abb. 12   Abhängigkeit des Preßdrucks von der Füllung der Form
bei einer 600-t-Kniehebelpresse, Maßstab der Ordinate quadratisch

28

Meßwert zum Eichen der Anzeige von DMS benutzen, die an einer beliebigen Stelle auf den Rahmen der Presse, wo der Querschnitt unbekannt ist, aufgeklebt sind.

Dieses Verfahren ist trotz seiner Umständlichkeit zu empfehlen, da die Anschlußkabel eines am Preßstempel befestigten DMS bei jedem Preßvorgang bewegt werden und die Gefahr einer Beschädigung sehr groß ist. Wenn man eine solche Eichung durchführen will, ist es natürlich von Bedeutung zu wissen, ob der am Preßstempel gemessene Preßdruck dem an den Säulen (oder an dem Rahmen der Presse) gemessenen Zug identisch ist, oder ob ein Teil der Druckkräfte als Verformungs-, Zerkleinerungs- und Formierungsarbeit in der Preßform und -masse verloren geht (vgl. 3.1 und 3.3).

Diesbezügliche Untersuchungen ließen zwar erkennen, daß eine Differenz von ca. 5% zwischen der Druckkraft am Preßstempel und der Zugkraft in den Säulen zu beobachten ist, die aber bei einer, unter Berücksichtigung aller Fehlermöglichkeiten der benutzten Meßanordnung, geschätzten Meßgenauigkeit von $\pm$ 3% nicht mehr mit ausreichender Genauigkeit aufgelöst werden kann und daher bei den Betrachtungen der vorliegenden Arbeit unberücksichtigt bleiben muß.

4.3 Einfluß des Steinformates auf die Belastung der Säulen

Schon aus der Abb. 7 geht hervor, daß die Belastung der Säulen einer Presse bei der Herstellung von keilförmigen Steinen, deren Keiligkeit senkrecht zur Preßrichtung

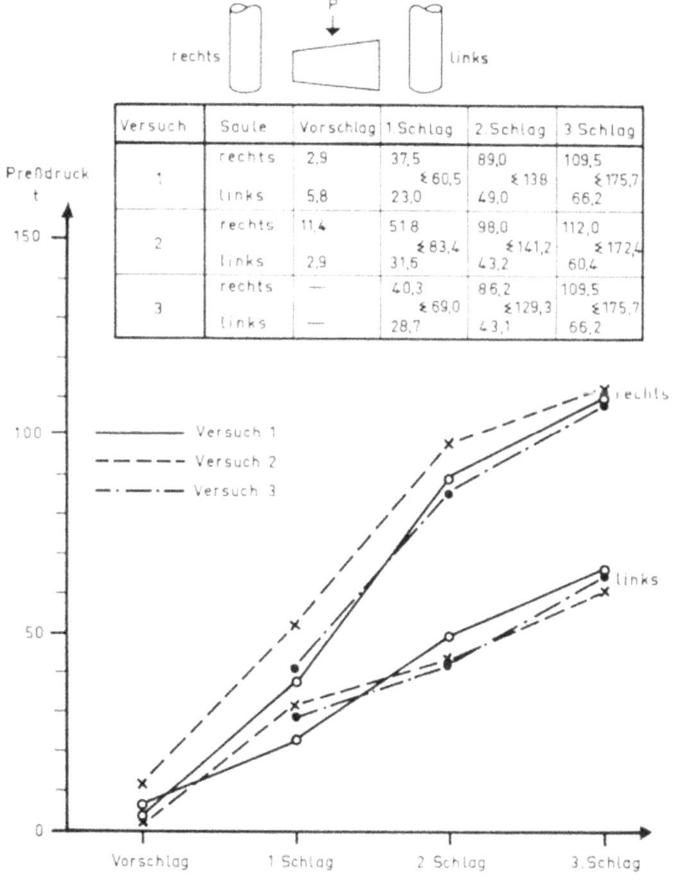

Versuch	Säule	Vorschlag	1. Schlag	2. Schlag	3. Schlag
1	rechts	2,9	37,5	89,0	109,5
			≮ 60,5	≮ 138	≮ 175,7
	links	5,8	23,0	49,0	66,2
2	rechts	11,4	51 8	98,0	112,0
			≮ 83,4	≮ 141,2	≮ 172,4
	links	2,9	31,5	43,2	60,4
3	rechts	—	40,3	86,2	109,5
			≮ 69,0	≮ 129,3	≮ 175,7
	links	—	28,7	43,1	66,2

Abb. 13   Keilsteinherstellung auf einer 90-t-Friktions-Spindelpresse

liegt, nicht gleich ist. Hierüber durchgeführte Versuche ergeben, daß neben dem Keilhöhenunterschied (= Differenz der schmalen zur breiten Steinseite) auch die Höhe des
Preßdrucks, die Geschwindigkeit des Druckanstiegs, die Feuchtigkeit der Masse, der
Körnungsaufbau und die mittlere Dicke des Preßlings einen Einfluß auf die Säulenbelastung auszuüben scheinen. Die Vielzahl der Einflußgrößen gestattet es nicht, eine
allgemeingültige Abhängigkeit zu finden; es muß daher die Schilderung der gefundenen
Versuchsergebnisse genügen.

Aus Abb. 13, welche die Herstellung eines Keilsteines mit einem Keilhöhenunterschied
von 53 mm auf einer 90-t-Friktions-Spindelpresse Weserhütte wiedergibt, ist zu erkennen, daß – abgesehen vom Vorschlag – bei den drei nachfolgenden Schlägen eine
etwa doppelt so hohe Belastung der rechten Säule, die der dickeren Steinseite benachbart
ist, auftritt.

Die Abb. 7 läßt dieses auch erkennen, in der jeweils die durchgezogene Linie die Säulenbelastung wiedergibt, welche an der dickeren Steinseite gemessen wurde.

Genau umgekehrt liegen die Verhältnisse bei den Kniehebelpressen. Die Abb. 14 zeigt
einen Ausschnitt aus einem Meßprotokoll, das beim Pressen eines Hartschamottesteins
mit dem Format 3 P auf einer 600-t-Horn-Kniehebelpresse aufgenommen wurde.

Die Säulen 1 und 2, in denen etwa 25% höhere Zugspannungen auftreten, sind hier der
dünneren Steinseite benachbart.

Das gleiche gilt für die Abb. 15, aus der die Säulenbelastung einer 1200-t-Horn-Knie-
hebelpresse bei der Herstellung eines Magnesitsteins mit dem Format GB 2 hervorgeht.

Das unterschiedliche Verhalten der Kniehebel- und Friktions-Spindelpressen ist durch

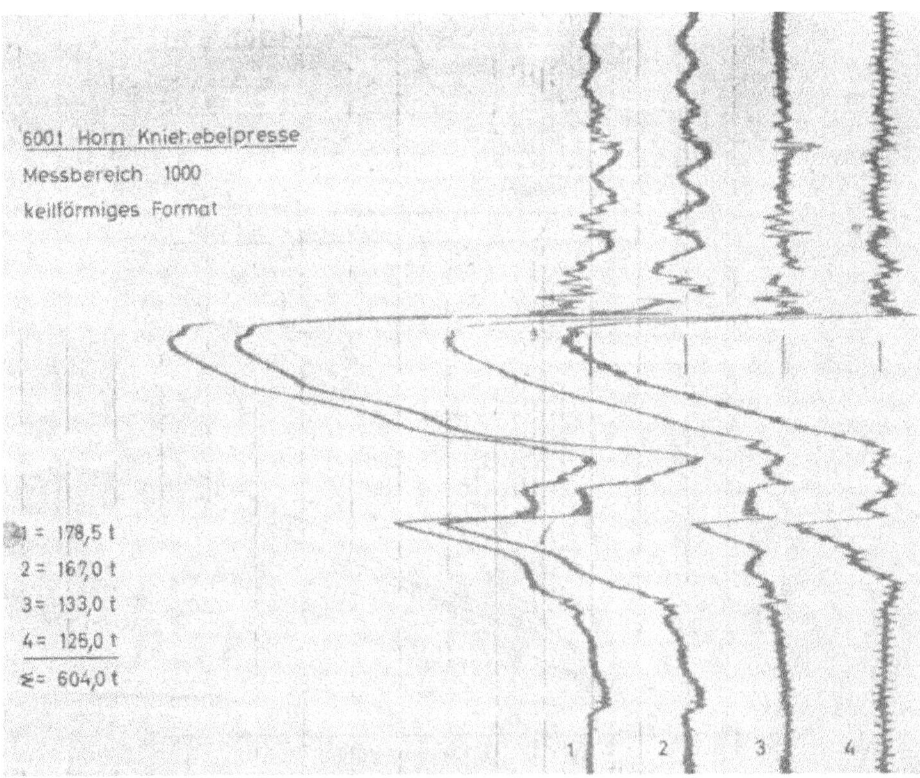

Abb. 14   Keilsteinherstellung auf einer 600-t-Kniehebelpresse

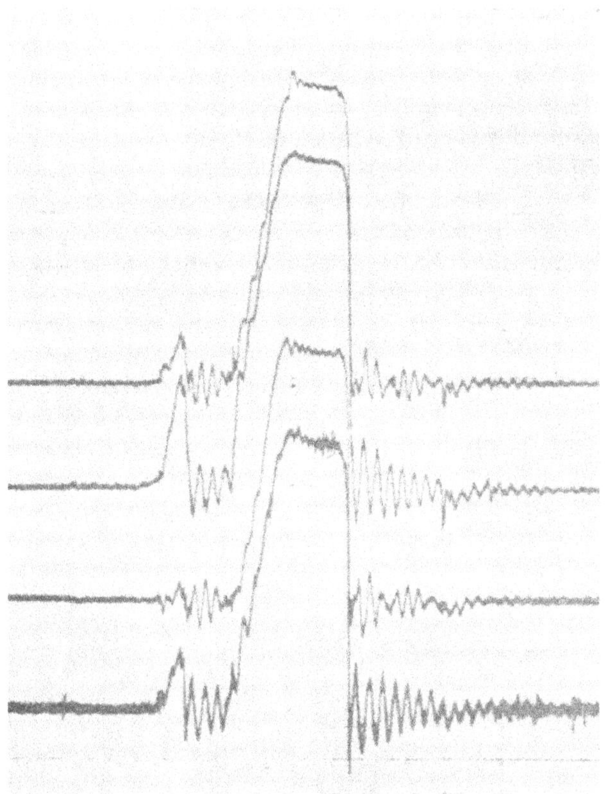

Abb. 15   Keilsteinherstellung auf einer 1200-t-Kniehebelpresse

die Geschwindigkeit des Druckanstieges zu erklären. Bei dem sich verhältnismäßig langsam aufbauenden Preßdruck einer Kniehebelpresse (ca. 0,5 sec bis 1,0 sec) bewirkt der schlechtere Druckdurchgang an der dicken Steinseite eine geringere und der bessere Druckdurchgang an der dünnen Steinseite eine höhere Belastung der entsprechenden Säulen. Bei der sehr hohen Geschwindigkeit des Druckanstiegs bei Friktions-Spindelpressen (vgl. 4.1) wirkt die in der Preßform durch den Entlüftungsvordruck bereits vorverdichtete Masse ähnlich wie ein starrer Körper. Das keilförmige Format verursacht eine außermittige, an der dickeren Steinseite stärkere Belastung des Stempels und zwar besonders dann, wenn der Bedienungsmann in dem Bestreben, durch entsprechendes Verteilen der Masse in der Preßform die Keilform zu berücksichtigen, zu weit geht. Hierdurch entsteht ein Kippmoment und als Folge eine stärkere Belastung der Säule an der dickeren Steinseite.

Vergleicht man die Abb. 14 und 15 miteinander, so fällt auf, daß der Teil der Aufzeichnungen, der den Druckanstieg wiedergibt, in der Abb. 14 verhältnismäßig glatt (ausgenommen Kurvenzug 4, bei dem die Drossel einer Leuchtstoffröhre eine Störspannung auf das Meßkabel induzierte), in der Abb. 15 dagegen treppenförmig verläuft. Die Unterschiede in den Aufzeichnungen lassen den Einfluß der Plastizität der Preßmasse erkennen.

Während die Hartschamottemasse mit 6,5% Feuchtigkeit in Abb. 14 nicht zuletzt durch den geringen Anteil an Bindeton noch eine gewisse Plastizität aufweist, wodurch sie sich unter Einwirkung des Preßdrucks in der Form fließend verteilen kann, ist die Magnesitmasse mit 4,5% Feuchtigkeit in Abb. 15 »stumpf« und formiert sich ruckartig.

Die Abb. 16 gibt die Zugspannungskurven der 4 Säulen einer Kniehebelpresse bei der Herstellung eines Hartschamottesteins in dem Format 2 L wieder. Die Einwaage war in beiden Fällen gleich, nur hatte der Bedienungsmann die Anweisung erhalten, die Masse einmal gleichmäßig (untere Darstellung) und einmal geringfügig ungleichmäßig, wie es in der Praxis bei schnellem Arbeiten vorkommen kann, in der Form zu verteilen (obere Darstellung).
Der Unterschied der Einfüllhöhe betrug über die gesamte Steinlänge 1 cm. Wie die obere Darstellung deutlich erkennen läßt, sind die Säulen 1 und 4 höher und die Säulen 2 und 3 weniger beansprucht als bei gleichmäßiger Verteilung der Masse.

4.4 Das Atmen der Form

Die elastische Verformung, die eine Preßform durch den Druck der Masse auf die Formwände beim Preßvorgang erleidet, wurde zunächst an einem geschweißten, mit zusätzlichen Verstärkungsrippen versehenen Formkasten aus 65 mm starkem Material (St 42), in dem die Futterplatten aus Kohlenstoffstahl C 15 durch Verkeilung fixiert waren, studiert. Hierzu wurde der Formkasten an den aus der Skizze in Abb. 18 ersichtlichen Stellen mit DMS versehen. Ein Meßstreifen, der an einer der vier Säulen der

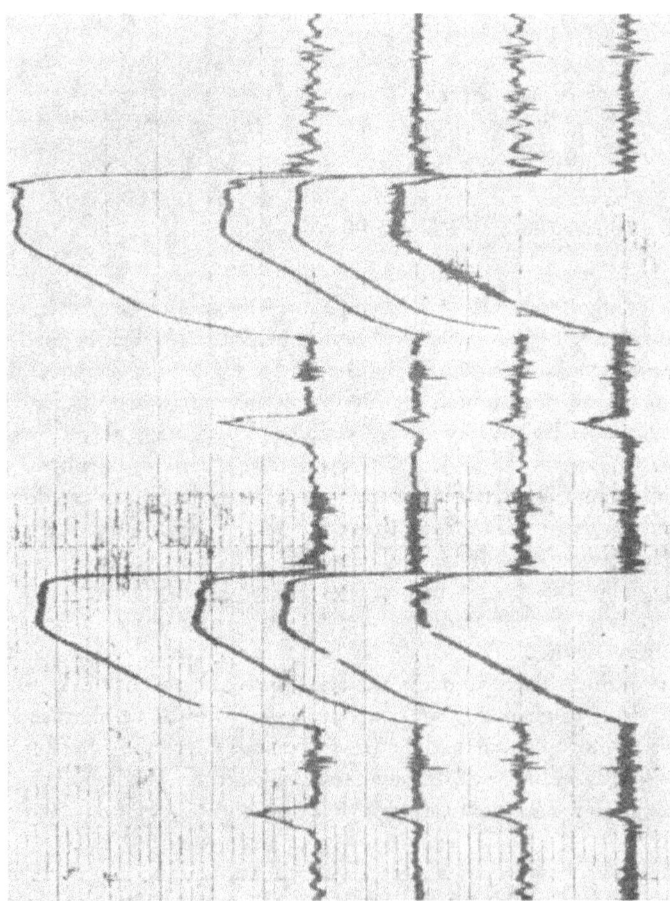

Abb. 16   Einfluß der Verteilung der Masse in der Form bei einer 600-t-Kniehebelpresse;
unten: Masse gleichmäßig verteilt, oben: Masse ungleichmäßig verteilt

600-t-Horn-Kniehebelpresse befestigt war, sollte eine gewisse Vorstellung von der Höhe des Preßdrucks geben. Es liegt zwar eine Unsicherheit darin, nur eine der vier Säulen zur Bestimmung des tatsächlichen Preßdrucks heranzuziehen; zuvor durchgeführte Messungen hatten jedoch ergeben, daß bei dieser Presse die Verteilung der Zugkräfte auf die Säulen sehr gleichmäßig war und es daher gerechtfertigt erschien, die an einer Säule gemessenen Werte mit 4 zu multiplizieren, um auf einen ausreichend genauen Wert des Preßdrucks zu kommen.

Die Kurve 1 in Abb. 17 stellt die Zugspannungskurve dieses DMS an einer Säule dar, aus der sich ein Gesamtpreßdruck von 558 t errechnet. Der DMS 4, der bei abgenommener Deckplatte auf einen der Hinterfütterungskeile zwischen Formkasten und Futterplatte geklebt war, registriert erwartungsgemäß Stauchung und der DMS 5, der zwischen zwei Verstärkungsrippen außen auf dem Formkasten parallel zur Längsseite des Steinformats geklebt war, Dehnung. Parallel zur Schmalseite des Steinformats waren – ebenfalls außen, zwischen zwei Verstärkungsrippen – die beiden DMS 2 und 3 befestigt, die zunächst bei Beginn des Drucks Dehnung, bei zunehmendem Druck jedoch Stauchung erkennen lassen. Hier überlagern sich ganz offensichtlich zwei verschiedene Vorgänge. Bei allmählich ansteigendem Preßdruck, der sich von der Preßmasse auf die Seitenwände der Form überträgt, wird zunächst von allen außen am Formkasten befestigten DMS Dehnung gemessen. Die Oberflächen der Formwände, auf die der Druck aus der Masse einwirken kann, stehen bei dem länglichen Steinformat ($250 \times 125 \times 65$ mm) im Verhältnis 1:2. Stellt man sich die Form in Richtung des Stempels quer zur Längsrichtung des Formats aufgeschnitten vor, so erhält man 2 U-förmige Teilstücke, deren Schenkel durch den von innen heraus wirkenden Druck auseinandergedrückt werden. In der mit den beiden Schenkeln rechtwinklig verbundenen Basis der U's entstehen aber hierdurch außerhalb der neutralen Faser, also dort wo die DMS 2 und 3 befestigt

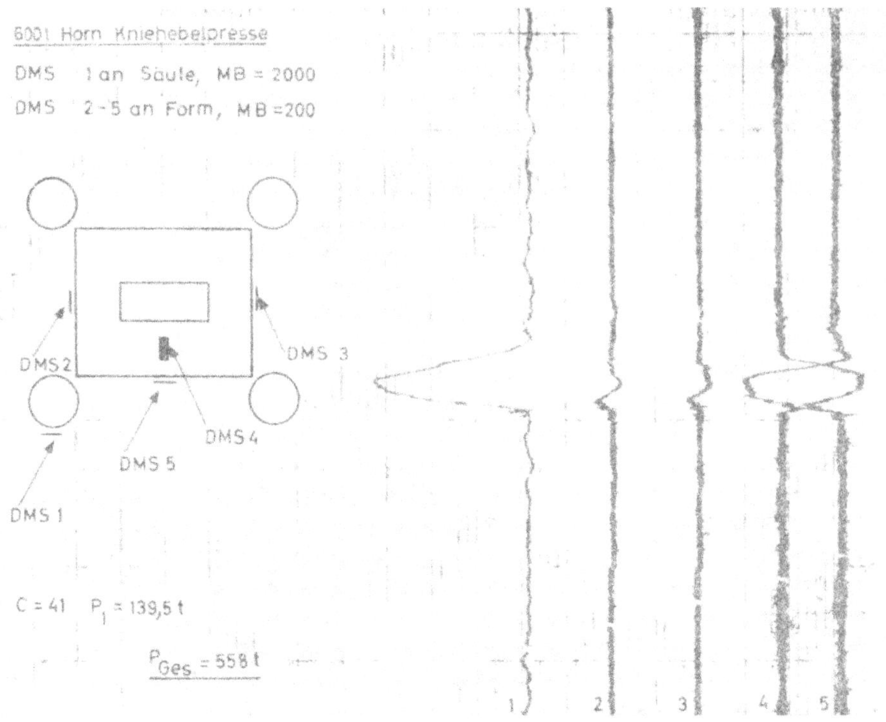

Abb. 17   Das »Atmen« der Form bei einer 600-t-Kniehebelpresse

sind, Stauchungen. Die Aufzeichnung der Materialspannungen der Preßform, also die Kurven 2, 3, 4 und 5 in Abb. 17 wurden mit einem zehnfach empfindlicheren Meßbereich vorgenommen als die Aufzeichnung der Säulenspannung in Kurve 1.

Die Abb. 18 zeigt das »Atmen« oder vielmehr das »Nichtatmen« einer Form an einer 90-t-Friktions-Spindelpresse, System Weserhütte. Die untere Aufzeichnung im Bild gibt den zweiten und die obere Aufzeichnung den dritten Schlag wieder. Es wurde ein Ausguß 6 A hergestellt. Die im wesentlichen rohrförmige Form hatte nur 12 mm Wandstärke und war im unteren, mittleren und oberen Drittel durch je einen 10 × 10 mm starken aufgeschweißten Stahlring zusätzlich verstärkt.

Der DMS 2 wurde quer zwischen die beiden unteren Versteifungsringe und der DMS 3 längs, also in Druckrichtung zwischen die beiden oberen Versteifungsringe geklebt.

Für die Aufzeichnung der Anzeige dieser beiden DMS wurde ebenfalls ein zehnmal so empfindlicher Bereich gewählt wie für den DMS 1, der an einer Säule befestigt war und

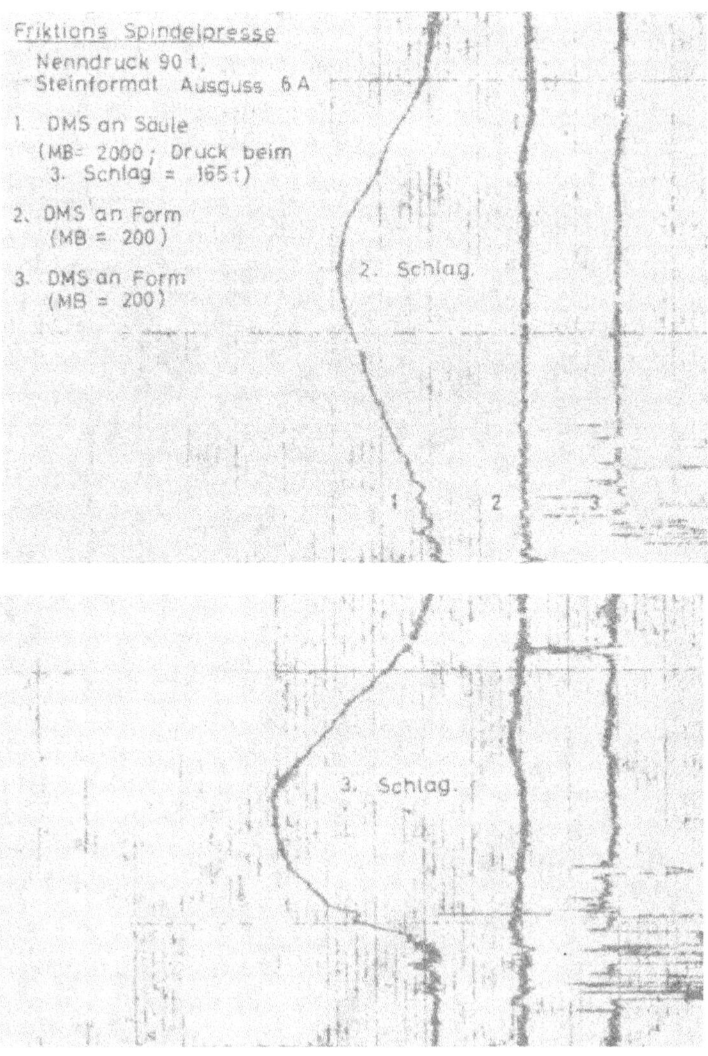

Abb. 18   Das »Nichtatmen« der Form beim zweiten und dritten Schlag
einer 90-t-Friktions-Spindelpresse

eine Vorstellung von dem tatsächlichen Preßdruck vermitteln sollte. Auch in diesem
Fall war durch eine Vormessung festgestellt worden, daß die Belastung der Säulen
gleichmäßig war und daher die Messung an einer Säule zur Bestimmung des Preßdrucks
genügt.

Wie aus der Abb. 18 zu erkennen ist, kann weder ein Atmen der Form, das durch den
DMS 2 registriert werden müßte, noch eine Stauchung der Form durch den Preßdruck
in der Kurve 3 festgestellt werden. Die Geschwindigkeit des registrierenden Papier-
streifens war sehr groß. Der Abstand zweier Zeitmarken – das sind die waagerechten
Striche – beträgt $1/10$ sec. Das »Nichtatmen« der verhältnismäßig dünnwandigen Form
bei immerhin 165 t Preßdruck, die beim dritten Schlag gemessen wurden (obere Aufzeichnung) ist auf eine gewisse Trägheit der Form zurückzuführen, wodurch sie dem
kurzen, nur etwa $6/100$ sec dauernden Druckanstieg beim dritten Hauptschlag nicht
folgen kann.

Die zu Beginn des Druckanstiegs in der Kurve 3 registrierten sehr kurzen Schwingungen
von nur einigen $1/1000$ sec werden vermutlich durch das Zerbrechen einiger grober
Schamottekörner verursacht.

Während sich bei Friktions-Spindelpressen das Problem des Atmens der Form an-
scheinend von selbst erledigt, bleibt die Frage offen: was kann man bei Kniehebelpressen
oder hydraulischen Pressen tun, um das Atmen mit seinen bekannten Folgeerscheinun-
gen für den Preßling zu vermeiden oder aber zumindest stark zu reduzieren. Um dieses
zu untersuchen, wurde eine Versuchsform gebaut, die schematisch in der Abb. 1 dargestellt ist.

Ein die Form umhüllendes Mantelrohr wird beim Atmen der Form gedehnt. Die
Segmente a, b, c und d übertragen alle Kräfte satt auf das Mantelrohr, das jeweils
gegenüber der Trennfuge zwischen zwei Segmenten mit einem DMS beklebt ist.

Verstellkeile zwischen den Segmenten b und d (Abb. 1), deren Flächen des besseren
Gleitens wegen mit Molybdändisulfit bestrichen waren und die durch Spannschrauben
von außen leicht verstellt werden konnten, erlaubten es, der Form, d. h. dem alle Kräfte
aufnehmendem äußeren Mantelrohr verschiedene Vorspannungen zu erteilen. Mit Hilfe
eines Drehmomentenschlüssels war es über die Spannschrauben möglich, die Keil-
spannung einer vorhergegangenen Versuchsserie exakt zu reproduzieren. Als Kontrolle
diente die Anzeige der 4 DMS am Mantelrohr unter dem Einfluß der Vorspannung. Die
Untersuchungen wurden an einer Baustoffprüfmaschine BPS 300 der Firma MAN (siehe
2.5.1) durchgeführt. Die Preßmasse aus Hartschamotte hatte 5,2% Feuchtigkeit und
folgenden Kornaufbau

4	mm	0,8%	1,5 mm	8,2%	0,12 mm	3,3%
3	mm	6,6%	1 mm	14,6%	0,09 mm	1,7%
2,5	mm	9,5%	0,5 mm	8,0%	< 0,09 mm	31,4%
2	mm	8,5%	0,2 mm	7,4%		

Nach dem Einfüllen der Masse in die Form, der zunächst noch keine Vorspannung
erteilt worden war, wurde ein Formling bei genau 250 t Preßdruck hergestellt. Abb. 19
gibt unten rechts die Aufzeichnungen der Signale der vier DMS, die am Mantelrohr
befestigt waren, wieder. Die paarweise unterschiedliche Belastung der Säulen trat bei
allen Versuchsserien auf. Als Ursache wurde zunächst eine unterschiedliche Rauhigkeit
der mit Molybdändisulfit geschmierten Oberflächen der Verstellkeile vermutet. Nach
Austausch der Keile gegeneinander trat der Effekt jedoch im gleichen Sinne wieder auf,
so daß der Grund für die ungleichmäßige Belastung der Säulen woanders liegen mußte.
Eine genaue Vermessung der Presse ergab schließlich, daß das Fundament einseitig
nachgegeben hatte (der Boden, auf dem die Prüfmaschine steht, ist eine seit erst 20

Hydraulische 300 t
MAN - Laborpresse

Pressdruck   250 t

Durchmesser des Mantels·
$$D = 525 \text{ mm}$$

Umfang des Mantels
$$U = 525 \cdot \pi = 1650 \text{ mm}$$

Basis des DMS (Messlänge 30mm)
$$B_{30} = 1/55 \ U$$
$$\varepsilon_u = 55 \cdot \varepsilon_{B30}$$

Differenz der Durchmesser
$$D \text{ und } D' = \frac{\varepsilon_u}{\pi}$$
$$\text{wobei } D' = D + \varepsilon_u$$

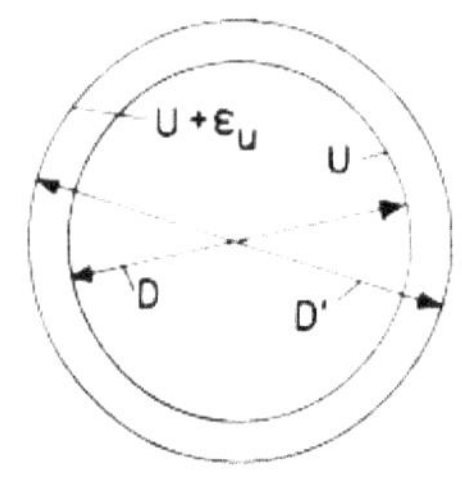

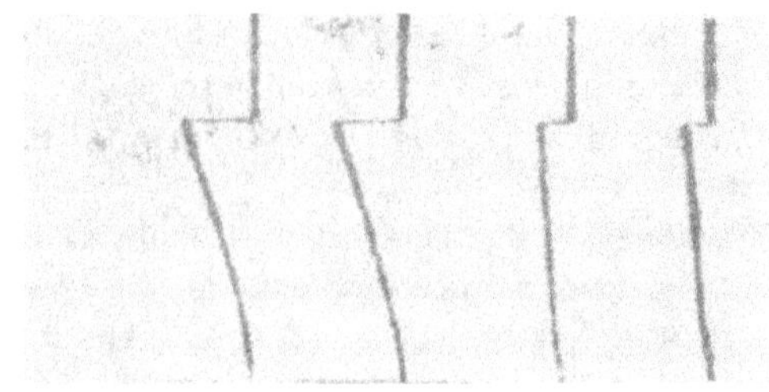

$$\varepsilon_{B30} = 3 \ \mu m \ (= 3/1000)$$
$$\text{"Atmen" } (= 1/2 \ D' - D) = 25/1000 \text{ mm}$$

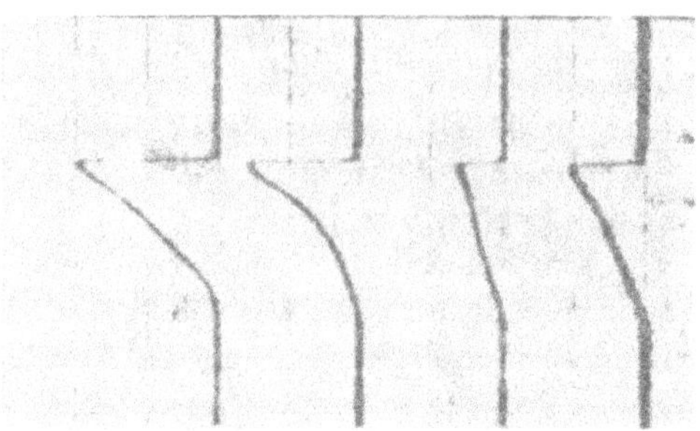

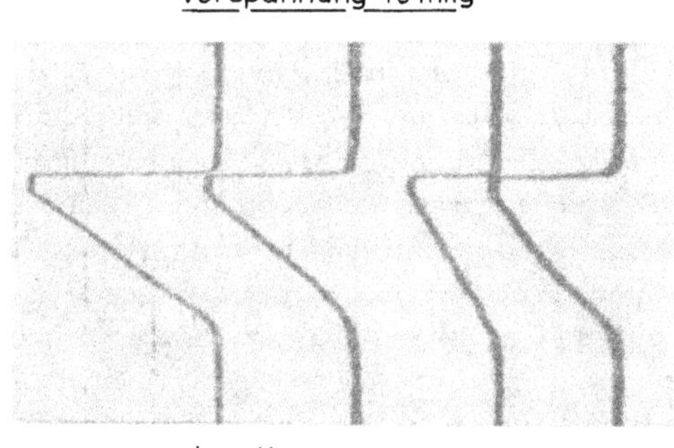

$$\varepsilon_{B30} = 10 \ \mu m \ (= 10/1000 \text{ mm})$$
$$\text{"Atmen" } (= 1/2 \ D' - D) = 87/1000 \text{ mm}$$

Abb. 19   Der Einfluß einer Vorspannung der Form auf das »Atmen«

Jahren verfüllte Müllkippe) was eine Schiefstellung der Baustoffprüfmaschine zur Folge hatte. Da der Effekt der ungleichmäßigen Belastung immer im gleichen Maße auftrat, eine andere Presse aber nicht zur Verfügung stand, mußte er notgedrungen in Kauf genommen werden. Mit dem Drehmomentenschlüssel wurden nun die Spannschrauben der Verstellkeile mit 10 mkg angezogen, was nach Anzeige der DMS einer Belastung der Form beim Pressen mit ca. 100 t gleichkommt.

Die hiernach vorgenommenen Versuche ergaben ein deutlich geringeres »Atmen« als bei der Versuchsserie ohne Vorspannung (mittlere rechte Darstellung in Abb. 19). Nach einem Anziehen der Spannschrauben mit 20 mkg, was etwa der Belastung der Form bei einem Preßdruck von 200 t entspricht, wurde die Versuchsserie gefahren, deren Meßergebnisse die obere Darstellung in Abb. 19 wiedergibt. Leider rissen bei dem Versuch, die Spannschrauben mit 30 mkg anzuziehen, die Gewinde aus, so daß der erhoffte Beweis, nämlich daß eine etwas über der zu erwartenden Materialbeanspruchung vorgespannte Form das Atmen praktisch ausschaltet, nicht gebracht werden konnte. Die

klar zu beobachtende Tendenz des Rückgangs der elastischen Verformung bei Druck-
einwirkung infolge einer auf die Form einwirkenden zunehmenden Vorspannung ist
aber trotzdem deutlich zu erkennen.

Wie aus der Berechnung der Größe der elastischen Verformung (vgl. Abb. 19) hervorgeht, »atmet« die Form ohne Vorspannung $^{87}/_{1000}$ mm (also fast $^1/_{10}$ mm), bei einer
Vorspannung, die durch Anziehen der Spannschrauben mit 20 mkg erreicht wurde,
was einer Druckbelastung von ca. 200 t entspricht, nur noch $^{25}/_{1000}$ mm, d. h. um den
Faktor 3,5 weniger.

5. Zusammenfassung der Versuchsergebnisse und Folgerungen für die Praxis

Bei den Druckmessungen an Friktions-Spindelpressen wurde festgestellt, daß der tatsächliche Preßdruck beim Pressen von Trockenmassen oft weit (bis zweifach) über dem
vom Hersteller angegebenen Arbeitsdruck liegt. Die Druckeinwirkungsdauer ist allerdings sehr kurz und beträgt nur einige hundertstel Sekunden. Das Pressen keilförmiger
Formate, aber auch eine ungleichmäßige Füllung der Form führt zu einer unterschiedlichen Verteilung der Zugkräfte in den Säulen und zwar ist jeweils die, der dickeren
Steinseite benachbarte Säule stärker beansprucht.

Die Höhe des sich aufbauenden Preßdrucks ist bei den Kniehebelpressen in starkem
Maße von der Füllung der Form mit Preßmasse abhängig. Schon eine Erhöhung der
Massemenge von nur einem Gew.-% kann bei flachen Formaten einen Druckanstieg
von 100 t und mehr bedeuten. Da bei volumetrischer Beschickung oft viel größere
Tolleranzen auftreten, ist, um eine Beschädigung der Presse zu vermeiden, bei der Herstellung von flachen Formaten eine gravimetrische Zuteilung der Masse unbedingt
erforderlich. Hohe Formate, z. B. Stopfenstangenrohre lassen infolge des schlechteren
Druckdurchgangs bei Kniehebelpressen keine hohen Preßdrücke entstehen, oft wird
der Nenndruck der Presse nur zur Hälfte erreicht.

Das Pressen keilförmiger Formate oder ungleichmäßig verteilter Masse führt auch bei
Kniehebelpressen zu unterschiedlichen Säulenbeanspruchungen; im Gegensatz zu den
Friktions-Spindelpressen sind jedoch die dem dünneren Steinende benachbarten Säulen
stärker belastet. Die Ursache hierfür ist unter 4.3 behandelt. Als Differenz zwischen der
Druckkraft des Stempels und der an den Säulen gemessenen Zugkräfte wurden ca. 5%
festgestellt, die als Formierungs- und Zerkleinerungsarbeit verlorengehen bzw. beim
Atmen der Form elastisch gespeichert werden. Genauere Untersuchungen hierüber
waren jedoch mit der verwendeten Meßanordnung, deren Genauigkeit mit $\pm$ 3% an-
genommen werden kann, nicht möglich.

Die Plastizität der Preßmasse spiegelt sich in den Diagrammen wider. Ein treppen-
förmiger Verlauf deutet auf eine unplastische, sich unter dem Einfluß des Preßdrucks
ruckartig in der Form formierende Masse hin; ein glatter Verlauf des Kurvenzugs dagegen läßt eine, wenn auch geringe, durch den Bindeton bedingte Plastizität der
Trockenmasse erkennen.

Die üblicherweise zum Verpressen von trockenen und halbtrockenen Massen verwendeten Preßformen zeigen bei Kniehebel- und hydraulischen Pressen ein deutlich
meßbares »Atmen«, d. h. eine elastische Verformung der Preßform unter der Einwir-

kung des Preßdrucks. Bei Friktions-Spindelpressen dagegen ist ein Atmen der Form in den Meßprotokollen nicht feststellbar. Dieses läßt den Schluß zu, daß die Form durch die Trägheit des Materials gar nicht in der Lage ist, den außerordentlich kurzen Druckspitzen, wie sie bei den Friktions-Spindelpressen auftreten, zu folgen.

An einer runden Spezialform, bei der es möglich war, das äußere Mantelrohr durch Verstellkeile vorzuspannen, konnte beim Pressen von Hartschamottesteinen auf einer hydraulischen Laborpresse festgestellt werden, daß bei gleichbleibendem Preßdruck das Atmen um so geringer wird, je mehr man die Vorspannung des Mantelrohrs erhöht.

Die Unklarheit über den Preßdruck bei Kniehebelpressen läßt den Wunsch nach einem einfachen preiswerten Druckmeßgerät aufkommen, denn die Anzeige der in die Hydraulik der Pressen eingebauten Manometer ist wegen des Kniehebelprinzips sehr fragwürdig. Wie die Druckmessungen, die im Rahmen der vorliegenden Arbeit durchgeführt wurden, gezeigt haben, eignet sich das Meßverfahren mit DMS besonders gut für die Praxis. Die Zugspannungsdiagramme ermöglichen darüber hinaus eine einwandfreie Beurteilung des Betriebszustandes einer Presse und lassen irgendwelche Störungen sofort erkennen. Allerdings stehen bisher der allgemeinen Anwendung dieses Meßprinzips die hohen Kosten der Trägerfrequenzmeßbrücke hindernd im Wege. Versuche, unter Beibehaltung des Meßverfahrens eine preiswertere Lösung zu finden, führten zur Entwicklung einer einfachen gleichstromgespeisten Meßbrücke mit nachgeschaltetem, temperaturkompensierten Transistorverstärker, dessen Ausgangssignal von einem Linienschreiber aufgezeichnet wird.

Aus der Abb. 20 ist der einfache Schaltplan des Geräts zu erkennen, welches von einem geschickten Betriebselektriker ohne Schwierigkeiten nachgebaut werden kann. Der geringe Stromverbrauch von nur 0,5 mA gestattet für den Verstärkerteil die Verwendung von Akkumulatoren oder großen Trockenelementen, wodurch ein aufwendiger, stabilisierter Netzteil entfällt. Die Brückenspeisespannung ist unkritisch und kann daher dem Netz entnommen werden. Das Gerät weist eine Empfindlichkeit auf, die der einer Trägerfrequenzmeßbrücke kaum nachsteht.

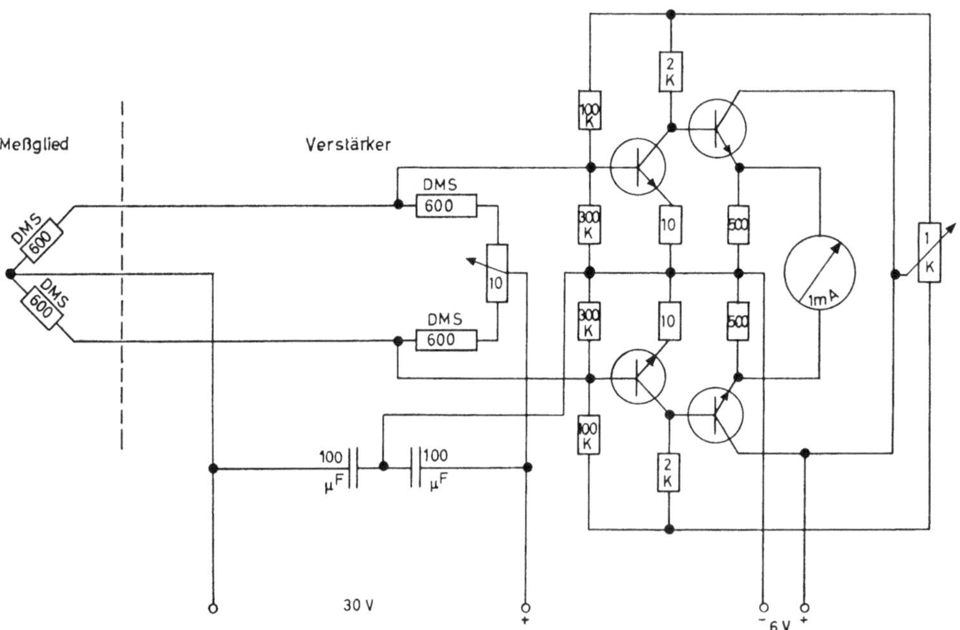

Abb. 20   Schaltbild eines einfachen Druckmeßgerätes

38

Wir danken an dieser Stelle herzlich den Herren

Dir. BILL, Brohltal AG für Stein- und Tonindustrie,

Dir. Dr. FRANK, Heinrich Koppers GmbH,

Dir. HÜPPE, Silika- und Schamotte-Fabriken Martin & Pagenstecher,

Dir. Dr. KOHLBERG, Dr. C. Otto & Comp. GmbH,

Dir. REINDL, Didier-Werke AG,

Dir. Dr. STEPHAN und Dir. Dr. STOLLENWERK, Rheinische Chamotte- und Dinaswerke mbH,

die es uns ermöglichten, die Untersuchungen unter Betriebsbedingungen in ihren Werken durchzuführen.

Die tatkräftige Unterstützung und die Erfahrung der Herren Obering. HANSEN, Dr. MÜLLER und Dr. SCHULZ waren uns hierbei sehr von Nutzen.

Literaturverzeichnis

[1] ATHY, L. F., Density, Porosity and Compaction of Sedimentary Rocks. Bulletin of the American Association of Petroleum Geologists, 1930, Bd. 14, Nr. 1, S. 1–24.

[2] BALLHAUSEN, C., Beitrag zur Theorie und Praxis des Pressens pulverförmiger Stoffe. Arch. Eisenhüttenwes. 22 (1951), S. 185–196 (Aussch. Pulvermetallurgie 8).

[3] BALLHAUSEN, C., Das Pressen von Metallpulvern. Powder Metallurg. 9 (1962), S. 316–320.

[4] BIRCH, R., Control of pressure in the toggle brick press. Technical Bulletin, Nr. 38, 1933.

[5] BOCKSTIEGEL, G., The porosity pressure curve and its relation to the pore size distribution in iron powder compacts. International Powder Metallurgy Conferenze, 14–17th 6. 1965.

[6] BOCKSTIEGEL, G., und J. HEWING, Kritische Betrachtung des Schrifttums über den Verdichtungsvorgang beim Kaltpressen von Pulvern in einfachen Preßformen. Vortrag auf der 14. Vollsitzung des Ausschusses für Pulvermetallurgie am 18.2.1963 in Düsseldorf.

[7] HECKEL, R. W., Trans. metallurg. Soc. AIME 221 (1961), S. 1001–1008. Trans. metallurg. Soc. AIME 221 (1961), S. 671–675.

[8] KONOPICKY, K., Feuerfeste Baustoffe. Verlag Stahleisen mbH, Düsseldorf, 1957, S. 108–111.

[9] KONOPICKY, K., Parallelität der Gesetzmäßigkeiten in Keramik und Pulvermetallurgie. Radex-Rundschau (1948), 141–148.

[10] KONOPICKY, K., Die Verschiebung der Körnung beim Pressen von Korngemischen vorzugsweise von feuerfesten Massen. Berichte der Deutschen Keramischen Gesellschaft e.V., Band 42 (1965), Heft 11.

[11] KONOPICKY, K., und W. LOHRE, Beeinflussung des Porengefüges feuerfester Steine durch technologische Maßnahmen. Abh. VI. Intern. Keram. Kongreß, Wiesbaden 1958, S. 329–340.

[12] McRITCHIE, F. H., Pressure distribution in dry pressing of refractories. American Ceramic Society Annual Convention, 1963.

[13] SERWATZKI, G., Über den Einfluß des Preßdrucks auf die physikalischen Eigenschaften von Preßmassen. Sprechsaal für Keramik – Glas – Email 92 (1959), Nr. 10.

[14] TOKAR, K., Berechnung der Druckverhältnisse beim Pressen von Pulvern. Archiv für das Eisenhüttenwesen 27 (1956), Heft 4, S. 285–288.

[15] TORRE, C., Theorie und Verhalten der zusammengepreßten Pulver. Berg- und hüttenm. Mh. 93 (1948), S. 62–67.

[16] UNCKEL, H., Vorgänge beim Pressen von Metallpulvern. Arch. Eisenhüttenwes. 18 (1944/1945), S. 161–167.

GPSR Compliance
The European Union's (EU) General Product Safety Regulation (GPSR) is a set
of rules that requires consumer products to be safe and our obligations to
ensure this.

If you have any concerns about our products, you can contact us on

ProductSafety@springernature.com

In case Publisher is established outside the EU, the EU authorized
representative is:

Springer Nature Customer Service Center GmbH
Europaplatz 3
69115 Heidelberg, Germany